超接写 蟻（アリ）

世界を動かす
小さな巨人

JN046226

超接写 蟻（アリ）

世界を動かす 小さな巨人

[写真] エドゥアルド・フローリン・ナイガ
[文] エレナ・スパイサー・ライス
[監修] 寺山 守
[翻訳] 西尾香苗

g

扉の写真：
ピリフォルミスキバハリアリ［新称］*Myrmecia pyriformis* の働きアリ
（オーストラリア南東部に分布）

超接写 蟻
世界を動かす小さな巨人

<h1 style="writing-mode:vertical-rl">目次</h1>

左ページ:
デストルクトルメダマハネアリ[新称]*Gigantiops destructor* の働きアリ
(南アメリカ北部に分布)

1 アリの世界

「まるでアリんこみたいだね」。都会の雑踏を上空からながめると、こんなふうに言いたくなる。無表情に仕事に向かう働きアリたち。個性も望みもなく、黙々と行きかいながら目的地への道をひたすらたどる。もちろん、同じ地上に立って見れば、人間はそれぞれに顔つきもふるまいも服装も違うのがわかる。発する声も個性的で、ひとりひとり異なる欲望を抱えている。わたしたちは驚くほど多様だし、それこそが人間らしさだともいえる。しょせん人間はアリの集団とは違うのだからな、と言ってしまえばそれまでかもしれない。だが、本当にそうだろうか？　ほとんどの人は、アリと同じレベルでアリの目線からアリをながめたことなんてないだろうし、人間に対するのと同じまなざしをアリにそそいだこともないだろう。とはいえ、そうしたいと思っても簡単にできることではない。何といってもアリは小さい。ギガスオオアリ *Dinomyrmex gigas* のように最大級のものでさえ、体をいっぱいに伸ばしても、人間の平均的な身長のわずか70分の1にしかならないのである。

1匹1匹はそれほどちっぽけなのに、アリの存在感はたいしたものだ。地球上の生きもののなかで、分布域の広さでも繁栄の度合いでも最高のグループである。暖かい日に外に出て観察すればわかる。しばらくじっとしているだけでアリが目に入るはずだ。アリは常にそのへんにいる。庭の芝生に散開し、ポーチやベンチの上をうろつき、壁を登り、キッチンのカウンターにも現れ、歩道のひび割れの中をうろついている。都市の1ブロック内にいるアリは、その都市全体の人口よりも数が多いのだ。

人間の引いた境界線にはおかまいなく、アリはニッチ（生態的地位）のあちこちに入り込み、食物網のかなめとなっている。絶滅が危ぶまれているホオジロシマアカゲラは、木の幹の内部にいるシリアゲアリを見つけだし、働きアリを食べて腹を満たす。ほかにも、働きアリのおかげで生きている動物はたくさんいる。アシナガアリは種子を植え、それが育って森林を形成する。オオハリアリは倒木の中に潜り込んでシロアリを狩る。ウロコアリはケシ粒よりも小さいが、土壌の中ではライオンだ。電光石火の動きで顎を閉じ、草生えの下や落ち葉のあいだでトビムシをつかまえるのである。

左ページ：
ギガスオオアリ *Dinomyrmex gigas* の働きアリ
（東南アジアに分布）

アリは都会にも野原にも森林にもいる。もしアリがいなければ、ほかの生きものたちの暮らしは成り立たなくなってしまうだろう。アリは土壌を掘ってたがやし（ミミズも土壌をたがやすが、アリ全体の貢献度はミミズよりも高い）、種子を植え、ほかの動物の腹を満たし、害虫を根絶やしにしてくれる。木の根っこから枝の先まで、家の地下から屋根のてっぺんまで、アリは好きに歩き回りながら、実はわたしたちの生活を助けてくれているのだ。

アリのやっていることを観察するのと、1匹のアリを間近で見るのとはまた別ものである。アリなんてどれも似たりよったり、というのがふつうの感覚だろう。赤いのやら黒いのやらいるみたいだけど、とにかく機械的に列をなして行進するか、ひたすら走り回っているだけじゃないの？　いやいや、間近でじっくり見れば、アリが実は驚くべき生きものであることがわかってくるのだ。アリにもいろいろなものがいて、世界全体では1万数千種にも分類されている。種によって習性や姿形はそれぞれ異なっていて、驚くほど多様性が高いのである。洗面台の水滴をなめにくるアリと、台所のカウンターをうろつくアリは十中八九違う種だし、切り取った葉っぱを旗のように掲げて熱帯多雨林の林床をゆきかうアリは、また全然違う種なのだ。じっくり観察してみれば、トラとライオンほど、あるいはライオンとイエネコほど違っているのである。

トゲや毛、しわの入り具合や体表の構造などにより、顔つきも種によって違う。体型も、ずんぐりしたもの、すんなりしたもの、滑らかなカーブを描くもの、よろいのように角張ったものなどさまざまである。このような姿形から、それぞれのアリの習性や生活スタイルがわかることもある。間近からよく観察してみれば、この小さな、だが世界を動かしている巨人たちがいったいどのような生きものなのか、アリを理解するための貴重な手がかりをつかめるはずだ。さあ、じっくりご覧あれ。

ヨーロッパトビイロケアリ Lasius niger の働きアリと3匹の女王アリ。
実物大（北半球に分布）

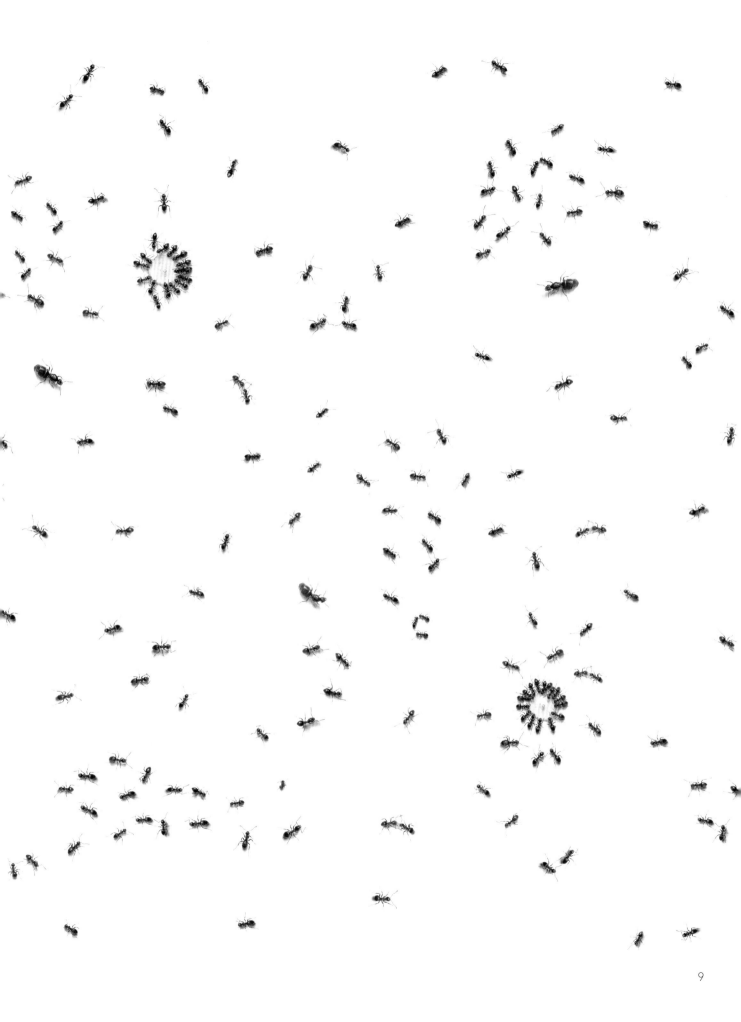

ディノオオアリ属 ［新称］
DINOMYRMEX

　ディノオオアリ属 *Dinomyrmex* のギガスオオアリ *Dinomyrmex gigas* は、恐竜（ディノサウルス）に由来する属名から想像できるように、世界最大級のアリである〔訳注：属名は dinosaurus の"dino"と「アリ」を意味する"myrmex"から、種小名の"gigas"は「巨大な」という意味の"giga（ギガ）"から〕。兵アリの体長は28.1mmで、ビールの王冠を余裕でまたぐほどの大きさだ。アリの世界ではとてつもない巨人だが、性質は温和で、少なくとも人間にとっては恐ろしい相手ではない。針で刺したりはせず、そのかわりに蟻酸を噴射する。夜に森をうろつき、花の蜜から糖分を、鳥の糞から窒素分を得ている。

ギガスオオアリ *Dinomyrmex gigas* の働きアリ
（東南アジアに分布）

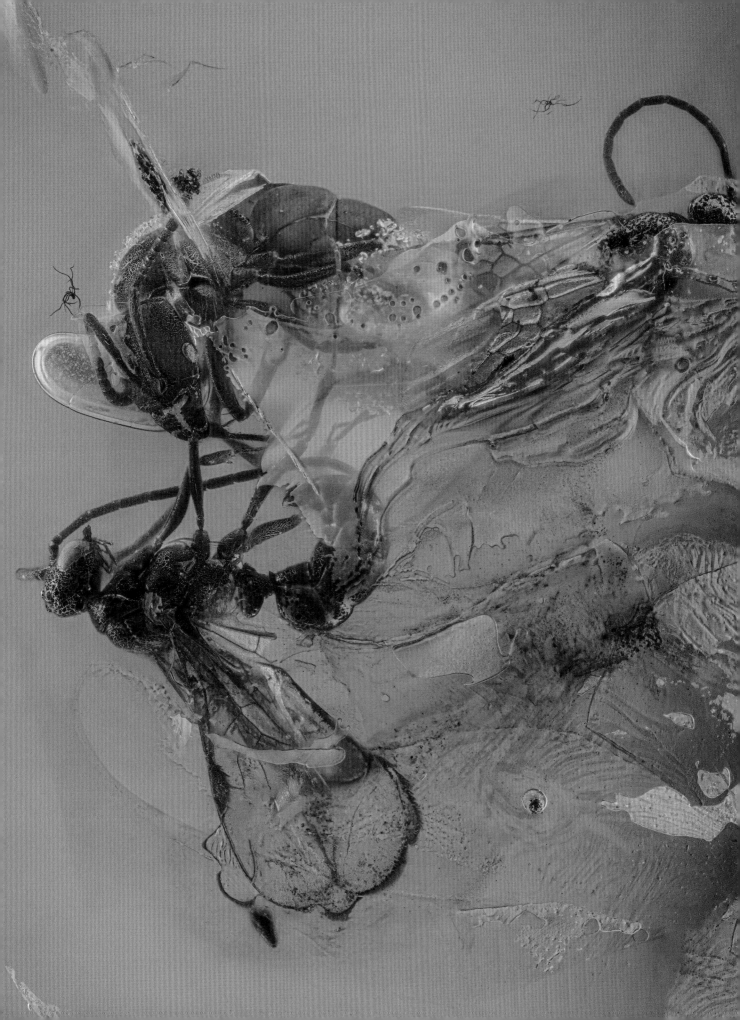

2 植物とアリの進化

アリが地球上に出現したのは1億7000万年近く前で、初期のティラノサウルス類が地上を闊歩しはじめたころより8500万年前のことだ。アリは孤独性のハチを祖先として進化してきたグループで、白亜紀後期よりも前に原始の森林を歩き回っていた可能性が高い。当時の森で栄えていたほかの生きものたちに比べ、このアリたちはどちらかというと目立たない存在だった。だが、それも被子植物が出現するまでの話である。

植物と昆虫は共進化し、強固だが繊細な関係をはぐくんできたものが多い。異なる生命がからみあい、それぞれに繁栄しながら、変化に変化を重ねてきた結果、現在のような姿になってきたのである。自然界には、このいにしえからの秘密のきずながそこかしこに隠れている。植物のなかには、アリにシェルターや食物を与え、アリを保護するものが多い。このような恩恵を得るアリのほうも多種にわたる。アリは森や人家の芝生、庭の植物、街路樹などに巣を造っている。シャクヤクは花外蜜腺（花の外側にある蜜腺）でアリを引きつける。寄って来たアリは、柔らかい花弁をむさぼりにくるイモムシなど、植物に害をなすものを撃退し、無事に花が咲くまでつぼみを守る。実際、そのように蜜を提供してアリに守ってもらう植物は2000種以上にもなる。熱帯に生えるセクロピアは柔らかい葉と茎をアリにさしだす。アカシアの木にはアリのシェルターになる空洞がある。特におもしろいのはスミレやエンレイソウだ。こういった植物の種子にはエライオソームというゼリー状の物質が付着している。これはアリの大好物で、「アリのおやつ」などと呼ばれている。種子を巣に持ち帰ったアリはエライオソームだけ食べて、種子は捨てる。アリのおかげで種子が散布され、発芽することになるのである。

花を咲かせる被子植物が栄えはじめると、それにつれてアリの食物源も生息環境も豊かになった。化石の記録からわかったことだが、被子植物の多様性が高まって世界中に広がっていった時期に、アリも同様に分布を広げていった。5000万年前ごろには、アリは世界中でほかの生物を圧倒するようになっていた。アリの体型の多様性が高まると同時に、当初はささやかだったコロニーにも、さまざまな構造のものが見られるようになった。コロニーに女王アリ1匹と働きアリ数匹だけの種もあれば、女王アリも働きアリも多数見られる種もあった。なかには、女王アリが働きアリよりかなり大きな種もあれば、外見的には女王アリと働きアリの区別が難しい種もあった。交尾せずに単為生殖で子どもを作れる種もいた。

左ページ：
フトハリアリ属 *Pachycondyla* の1種（絶滅種）の女王アリと2匹の雄アリ。
バルト海産の琥珀（5000万〜4500万年前のもの）の中に封じ込められている

アリはどんなすきまにも入り込み、あらゆるニッチを埋めていった。狭食者〔訳注：特定の食物のみを食べる動物のこと。スペシャリストともいう〕になったアリもいる。ただ1種の植物しか食べないほど極端な狭食者もいる。広食者〔訳注：幅広い種類の食物を食べる動物のこと。ジェネラリストともいう〕として進化したアリもいる。何でも食べ、巣造りの習性にも柔軟さのあるタイプだ。アリはそれぞれのニッチを掘り進めていき、地球生態系の進む道筋をも左右した。いまでは、アリは南極以外のあらゆる地域にコロニーを造り、どの生息環境でも支配的である。

化石や琥珀に保存されたものから、アリがどのように進化してきたのかを明らかにすることができる。琥珀に永久保存されたアリは、3次元的な姿をほぼ完璧に保っている。食物を探していて琥珀に囚われ身を沈めてしまったアリの、眼や細い腰、翅、脚が観察できる。ここに載せたのは数千万年前の標本だが、今日のアリとそれほど違いはないように見える。樹皮の上をうろついていたときの姿そのままに樹液に沈み、数千万年ものあいだ、その状態で保存されてきたのである。

上：
ヤマアリ亜科 Formicinae の女王アリ。琥珀はメキシコ産の3000万〜2500万年前のもの

下：
フトハリアリ属 Pachycondyla の1種（絶滅種）の雄アリ。琥珀はバルト海産の5000万〜4500万年前のもの

右ページ：
おそらくカタアリ亜科 Dolichoderinae の働きアリ2匹。琥珀はバルト海産の5000万〜4000万年前のもの

3 コロニーの誕生

アリはどのような一生を送るのだろうか? それを知るには、アリのコロニーの一生を知らなければならない。それぞれのアリ個体は、コロニーという1つの大きな生きものの細胞にあたる。アリは真社会性という動物界でもっとも高度に組織化された社会を形成する。アリの社会はコロニーを維持し守るためのもので、個体がその犠牲になることもよくある。働きアリが死んでもアリの巣は存続する。死んだアリの役割は、母親である女王アリが次々と産みだす妹アリによって埋められる。女王アリの役割は繁殖することであり、新しい細胞、つまり働きアリや雄アリを産みだす。生まれてきた働きアリがコロニーを動かし、コロニーを清潔かつ安全に保ち、食物を供給する。働きアリはすべて雌だが、ほとんどのアリの種では、働きアリは不妊性である。雄アリは女王アリと交尾をする。何世代もの働きアリたちが協力して、新たに生まれてくる子どもたちの世話をする。その結果、地球上ではほかに類を見ないほど、高い適応力をもつ複雑な社会ができあがってきた。

アリは完全変態する。チョウの幼虫(イモムシ)、ハエの幼虫(ウジムシ)、カブトムシの幼虫などと同じように、アリの幼虫も成虫とはまったく違う姿をしている。足もなく、はっきりした顔もなく、真珠のような光沢のある皮膚には毛がまばらに生えている。姉にあたる働きアリが幼虫を顎でそっとくわえて運ぶとき、この毛がすべりどめになってくれる。毛にはまた、幼虫の姿勢を安定させる役割もある。横たわって姉さんたちから口移しで食物をもらうだけとはいえ、もし毛を剃ったらごろごろ転がり回ってしまい、難儀するだろう。

食べて横になっているだけの幼虫時代を過ごしたのち、終齢幼虫は脱皮して蛹になる。ガのようなまゆを作るかどうかは種によって異なる。身動きひとつせず何の音もたてない蛹だが、内側では驚くべき変化が進行している。脚や触角、眼やトゲ、毛、爪、顎などが造りあげられるのだ。頭部・胸部・腹部がくっきりと分かれ、脳が発達し、羽化後に新しい生活を送るための準備が整えられる。数日後、蛹から出てくるときにはアリの姿になっているのである。

左ページ:
バルバルスクロナガアリ *Messor barbarus* の女王アリ
(地中海地域西部に分布)

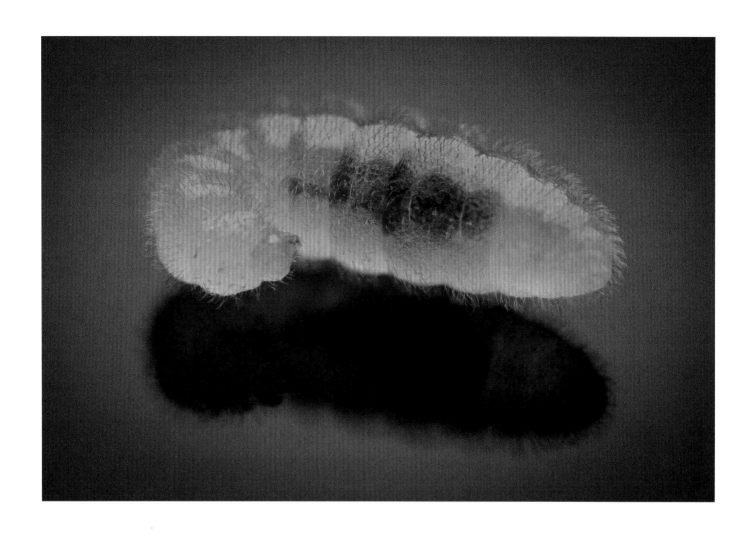

受精卵の段階では、女王アリになるか働きアリになるかはまだ決まっていない。孵化後、幼虫が与えられる食物によってどちらになるかが決まるのだ。発生段階の特定の時期に、タンパク質に富んだ特別な食物を与えられれば、蛹から出てくるのは処女女王アリである。女王アリは働きアリよりも体が大きく、4枚の翅をもっている。飛ぶときは前翅と後翅が鉤どめされて一体化する。コロニーに数匹の女王アリしかいないこともあれば、多数の女王アリがいることもある。女王アリは飛行しなければならないが、他の処女女王アリたちとともに数週間は巣の中で過ごす。そのあいだ、姉妹の働きアリたちに食物をもらい、脂肪を蓄積して、将来作る卵のために栄養を蓄えておく。処女女王アリたちは体の手入れをしながら、飛ぶのにうってつけの日がやってくるまで暗闇で待機する。アリの配偶行動は種によってさまざまだが、世界中どこでも、温帯の森林や都市にすむ種の多くは、春から秋にかけて結婚飛行を行う。

上：
キイロケアリ *Lasius flavus* の幼虫
（ユーラシアに分布）

右ページ：
セニリスアシナガアリ［新称］
Aphaenogaster senilis の蛹
（地中海西部地域に分布）

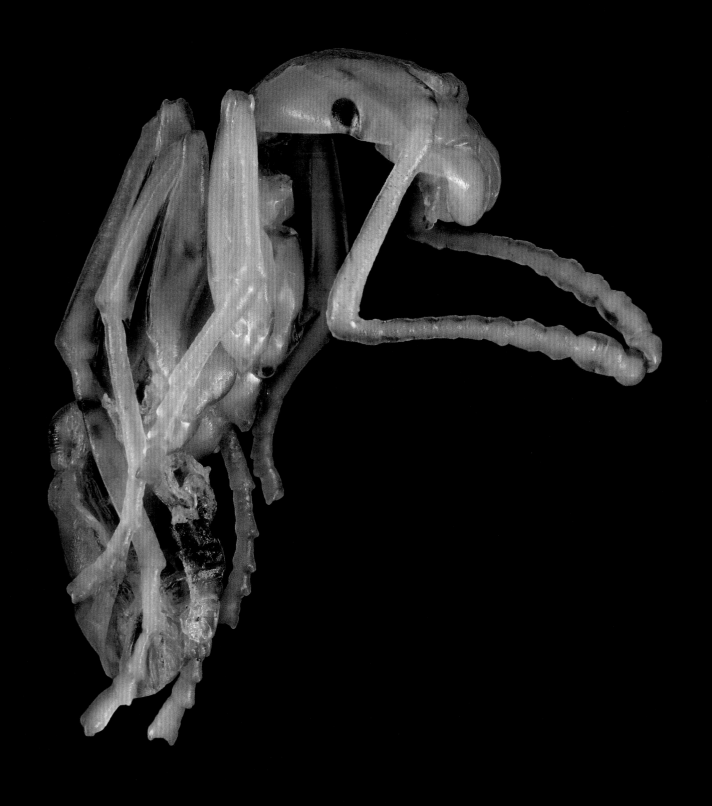

わたしの住むアメリカ合衆国のノースカロライナ州では、処女女王アリが結婚飛行をするのは穏やかな秋の日だ。そよ風が木々をゆらし、湿った葉が落ちる。地面は初秋に降る雨でしっとりと柔らかくなっている。地表のすぐ下、朽木の下の暗闇のなかで、何千という触角が揺らめく。何千という脚がトンネルを行き来し、準備は整った。処女女王アリが飛び立って新たなコロニーを造るのにうってつけの日だ。

　コロニーからまず現れるのは雄アリたちだ。巣の外に出てきて他のコロニーの雄アリたちと一緒に位置につく。希望に満ちて準備は万端、いつでも交尾できる。雄アリは姉妹たちからもらう食物だけを食べるのが普通だ。交尾することだけが彼らの任務である。

　続いて、たっぷり太った処女女王アリたちが出てくる。巣の外を見る最初で最後のこの日、そよ風に助けられて空中に飛び立ち、相手と出会う。地上でフェロモンをたどって、あるいは植物に登って相手をさがすこともある。交尾は一度だけでおしまいの場合もあれば、10回以上行う場合もある。精子は特別な袋（貯精嚢）に蓄えておく。将来、産卵するときに精子を使うかどうかは自由に決められる。交尾後、雄アリたちは巣に戻っても歓迎されない。働きアリたちの邪魔になるばかりなのだ。

　交尾をすませた女王アリは、地上に降りて翅を捨てる。今後、翅を使うことは一切ないのである。さあ、新たな巣を造らなければならない。雨が降って柔らかくなった地面は掘りやすい。女王アリは小さな穴を掘って産室とし、いくつかの卵を産んで世話をする。生まれてくる最初の子どもたちは働きアリになり、その後に産む卵の世話をしてくれる。女王アリは産室にひきこもり、新たなコロニーはしだいに大きくなっていく。女王アリの寿命は種によって異なるが、何年も生きる。シリアゲアリの女王アリは樹皮の裏や幹の内部に巣を造り、10年以上生きる。ヨーロッパトビイロケアリ *Lasius niger* の女王アリの寿命は30年近い。女王アリは、生きている限り卵を産んでは働きアリに托し続ける。受精に用いる精子は、あのそよ風の秋の日、結婚飛行のときに蓄えていたものだ。

　数年後の秋、卵から翅のある雄と雌が生まれてくる。羽アリたちは地表のすぐ近くで待機し、不妊で翅のない姉妹たちはその回りを忙しそうに歩き回って毛づくろいをして輝かせる。羽アリたちは、かつての母親と同じように待っている。太古から受けつがれてきた知恵により、飛ぶのにうってつけの日がすぐにやってくるとわかっているのだ。

左ページ：
ヘラクレアヌスオオアリ［新称］*Camponotus herculeanus* の働きアリ
（北半球に分布）

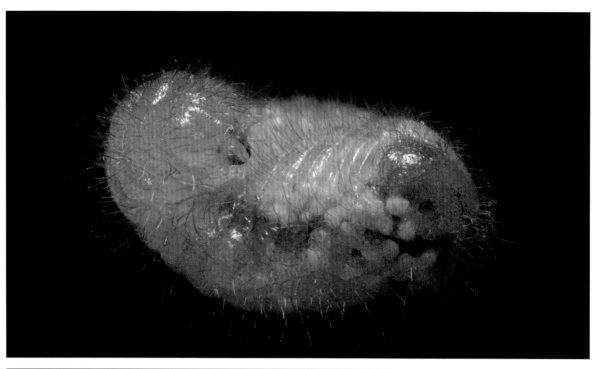

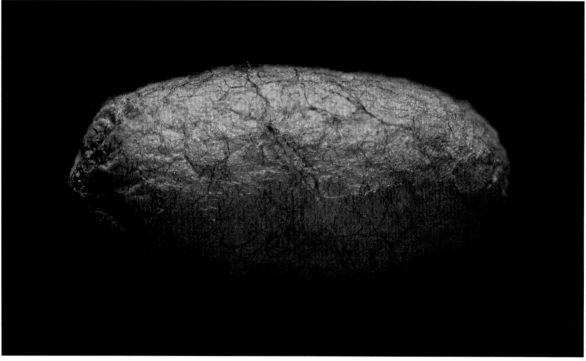

ビンガミイハンミョウアリ[新称]*Myrmoteras binghamii* の幼虫
（東南アジアに分布）

上：幼虫　下：まゆ　右ページ：蛹から羽化した新成虫（働きアリ）

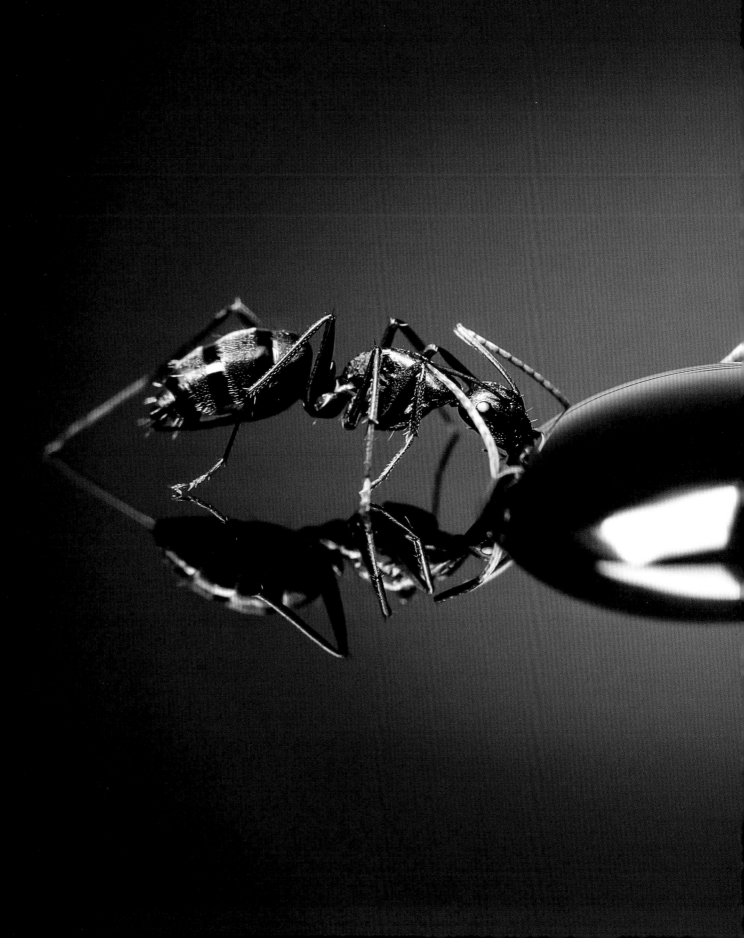

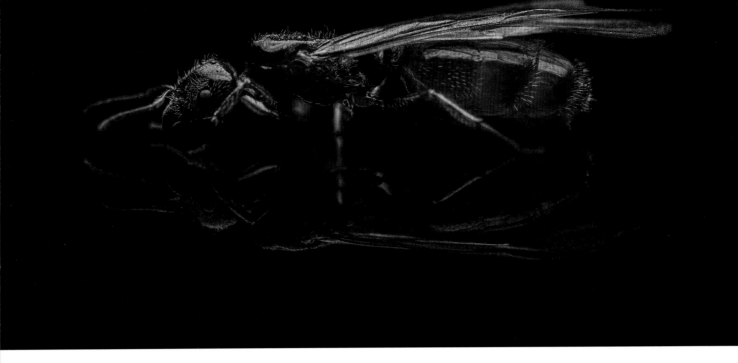

オオズアリ属
PHEIDOLE

　オオアリ属*Camponotus*やトフシアリ属*Solenopsis*など、大型働きアリと小型働き
アリが存在する属は多いが、オオズアリ属*Pheidole*ほど大型と小型が極端に違うも
のはない。大型働きアリと小型働きアリは外見的には同種とは思えないほど異なっ
ているが、遺伝的には同一だといってよい。幼虫のある特定の期間に、姉にあたる働
きアリから高タンパク質の食物を与えられると、大型働きアリになる。大型働きアリの
大きな頭部には筋肉がつまっており、ものをくわえる力が強く、また防御力も高い。高
タンパク質の食物をもらわなかった幼虫は小型働きアリになり、日々の家事をこなす
ようになる。幼虫のときの数回の食事が、成虫になってからの生活のしかたを決める
のだ。

一方、小型働きアリは頭部も小さく軽やかな姿で、穏やかな、特にかわりばえのしない生活を送る。仕事も、また脳も、年を経るに連れて変化する。働きアリとして誕生したとき、生まれたばかりの子鹿のようにふらついてはいるが、保母としての生活を送り始める。巣を離れることはなく、妹たちの世話をし、外回りの働きアリたちから食物を受け取って子どもたちに与え、その体をきれいにし、育房を清潔に保つ。

もう少し年を取ると、女王アリの世話をするようになる。食物を与え、産卵の世話をし、女王アリの体をきれいにする。やがて保母を卒業し、清掃や巣の維持にたずさわるようになる。最年長になると巣から出るようになり、死体を集めてゴミ捨て場にもっていったり、巣を防衛したり、食物を集めたりする。アリの脳内には学習や記憶を行う「キノコ体」という部分がある。半球状のキノコのような形をしているのでこう呼ばれる。アリが年を取るにつれキノコ体は成長する。そのおかげで学習や記憶が可能になり、食物を見つけ無事に巣まで戻ってこれるのである。

巣から外にでていくのは危険な作業である。草のなかにはアリを病気にするものが潜んでいて、運悪く出くわすと感染してしまう。クモや鳥、トカゲなどの敵が地上をうろついていて、へたすると体を引き裂かれてしまう。働きアリには宿命がある。巣から出ることはなんらかの形の死を意味するのだ。だが、働きアリたちはこの仕事をこなせるように、生涯をかけて準備してきたのである。

パリデュラオオズアリ［新称］
Pheidole pallidula
（地中海地域に分布）

左から順に大型働きアリ、小型働きアリ、女王アリ。下は大きさの比較写真

4

雌たちの国

女王アリは受精卵を産むか未受精卵を産むかを自分で選択できる。受精卵は雌になり、未受精卵は雄になる。巣の性比を決めるのは女王アリだが、とても小さな受精卵の運命を決めるのは、姉にあたる働きアリである。

女王アリになるか働きアリになるか、受精卵の段階ではまだ決まっていない。種によっては働きアリに小型のものと大型のものがいるが、そのどちらになるのかも未定である。ではいったい、卵の将来を決めるのは何なのか？　その秘密は幼虫のときに与えられる食物である。コロニー内では、幼虫に食物を与えるのも働きアリの仕事であり、働きアリたちのふるまいがコロニーの未来を形づくっていくのである。発生のある段階で豊富な栄養分を含む食物を与えられた幼虫は、処女女王アリになる。また他のある段階で特別な栄養分を与えられると、がっしりした体に大きな頭部、強靭な顎をもつ大型働きアリになるのだ。

産卵する女王アリは、フェロモンを出して働きアリが女王アリになるのを妨げることがある。また、妹たちから女王アリを造り出すかどうかを、季節やコロニーの密度などさまざまな要因にもとづいて、働きアリが選択できる場合もある。アリのなかで、働きアリが交尾して繁殖できる種はきわめて少ない。ほとんどの働きアリは不妊である。だが、子どもを作ることはできないとはいえ、子どもたちの運命をコントロールするのは働きアリなのである。

働きアリを補給するのは女王アリの仕事だが、コロニーが生き残るための日々の仕事は働きアリたちが担っている。働きアリはコロニーにとってもっとも大切なものであると同時に、激しく使い捨てにされるものでもある。女王アリの体型はその存在目的をものがたっている。大きな眼は交尾相手を見分けるために必要であり、盛り上がった胸部はかつて生えていた翅を動かしていたなごりだ。口器は小さく、食物は娘たちから渡してもらう。膨張した腹部からは次から次へと真珠のような卵が生みだされる。

働きアリに大型と小型のものが見られる種では、大型働きアリはコロニーの筋肉担当、小型働きアリは頭脳担当である。大型働きアリは頭部も大きいが、中につまっているのは大きな脳ではなく、顎を動かす筋肉である。敵に咬みつき、固い食物や巣材をかじり、重いものをくわえて巣に持ち帰るのに、この強大な筋肉が活躍するのだ。

左ページ：
アルミゲルムホンウロコアリ[新称]*Daceton armigerum* の女王アリ
（南アメリカ北部に分布）

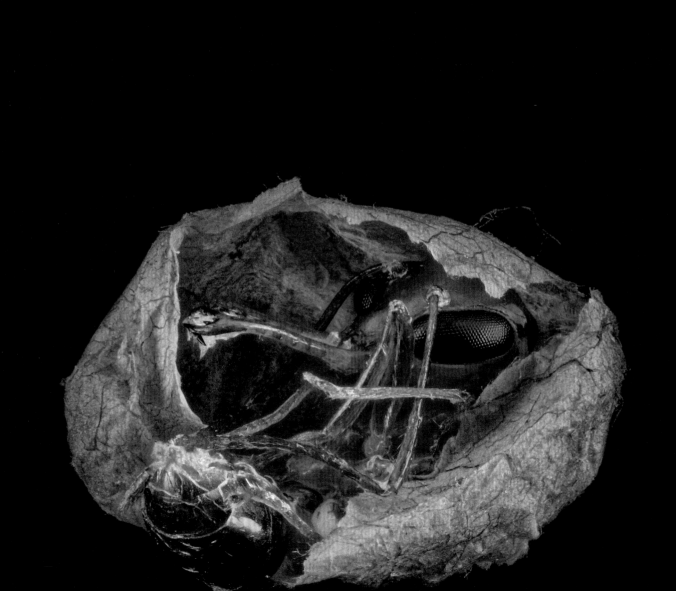

インプルムシワアリ［新称］*Tetramorium impurum* の女王アリと働きアリ
（ヨーロッパに分布）

クロオオアリ *Camponotus japonicus*
（アジアに分布）

左：小型働きアリ　右：大型働きアリ

シングラリスオオアリ［新称］*Camponotus singularis*
（東南アジアに分布）

左：小型働きアリ　右：大型働きアリ

スクテラリスシリアゲアリ［新称］*Crematogaster scutellaris* の女王アリ
（地中海地域〔ヨーロッパとアフリカ北部〕に分布）

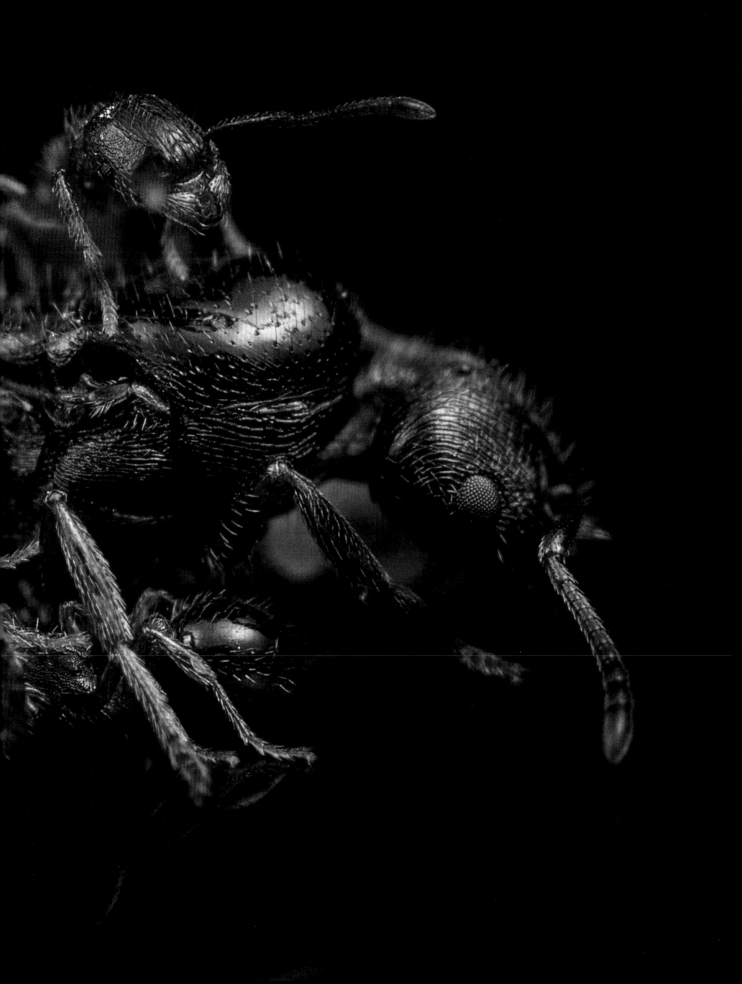

5

謎に満ちた雄アリ

アリの社会構造の有効性がもっとも顕著に現れるのは、同じ種の雄アリと雌アリを比べたときである。雄アリには祖父はいるが父親はいない。雄アリは未受精卵から生まれる。雄アリの親は女王アリだけなのだ。

雌アリについてはよく調べられているが、それに比べて雄アリのことはほとんどわかっていない。ほとんどの人は雄アリを見たこともないか、少なくとも見かけても気がつくことはあるまい。雄アリの外見は雌アリとまったく異なっていることが多く、アリだと認識するのさえ難しい。雄アリがまだ見つかっていない種もいるのだ。

雄アリがその生涯でなすべき仕事はただ1つ、交尾であり、雄アリの体はそのためだけに作られている。雌アリたちの体つきは、コロニーの生活に必要なさまざまな仕事をこなすようにできている。一方、雄アリの体つきから示されるのは、巣の外での冒険と征服である。

分厚い胸部には強力な飛翔筋が収められている。この筋肉で翅を動かして飛び立ち、交尾相手をさがすのだ。働きアリが周囲の探索を行うのに嗅覚をもちいる種は多い。ところが雄アリは、触角を揺らしながらフェロモンを感知するだけではなく、巨大な眼で相手を探索するのだ。また、脚が長く、交尾相手をかかえこむのに役立つ。腹部は柔軟でよく曲がるので交尾しやすい。雌アリの大顎はものをくわえて運んだり、咬みくだいたり、多用途に用いられるのだが、雄アリの大顎は華奢で、姉にあたる働きアリたちから食物を受け取るだけの構造だ。大顎以外の口器は、恋人に咬みついておさえ、またライバルを撃退するためのものだ。

巣を追われた雄アリは、交尾したのちにすぐに死んでしまう場合が多い。交尾を行ったために死ぬのではなく(将来の女王アリに食べられるわけではない)、たいていは飢え死にするか、鳥やクモ、ほかのアリなどに食われてしまうのである。交尾後に巣の外で1カ月以上生きながらえる雄アリもいることはいるが、どうやってそこまでがんばれるのかは、まだわかっていない。

左ページ:
ラエヴィガトゥスサスライアリ[改称]*Dorylus laevigatus* の雄アリ
(東南アジアに分布)

アルミゲルムホンウロコアリ *Daceton armigerum* の雄アリ
（南アメリカ北部に分布）

アルミゲルムホンウロコアリ *Daceton armigerum* の働きアリ
（南アメリカ北部に分布）

マイヤリサスライアリ[新称]*Dorylus mayri*（西アフリカに分布）

左ページ：働きアリ　上：雄アリ

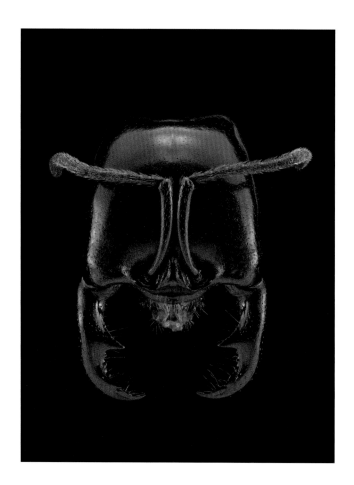

マイヤリサスライアリ *Dorylus mayri*
（西アフリカに分布）

上：働きアリ　右：雄アリ

ニコバレンシスオオアリ[新称]*Camponotus nicobarensis* の女王アリと雄アリ
（東南アジアに分布）

アシナガアリ属
APHAENOGASTER

　植物には母親のような腕はないが、それでも子どもを育てることはできる。植物の種子には、脂肪とタンパク質を含むエライオソームという構造をもつものが多い。一部のアリはこのエライオソームが大好物だ。匂いを嗅ぎつけてエライオソームのある種子を見つけて集め、母植物から運び出して巣に運び、エライオソームをそっと取りはずして食べ、種子の本体を残す。アリが運んだおかげで種子が散布され、発芽することにもなるのだ。種子の散布をよく行うアシナガアリ属*Aphaenogaster*は「ウィノウアント（winnow ant）」とも呼ばれる。"winnow"は「穀物からもみやごみを（風で吹き飛ばして）より分ける」という意味だ。このアリがエライオソームを取りはずす習性が小麦をより分ける農夫のようであり、また細身で優雅な姿が草地の葉の間を吹き抜ける風を思わせるところから、こう呼ばれている。北アメリカの森林の草本が作る種子のおよそ3分の2は、このアリの働きによって発芽する。もしこのアリたちがいなければ、森や草原の花は半分に減ってしまうだろう。

セニリスアシナガアリ
Aphaenogaster senilis
（地中海西部地域に分布）

上：雄アリ　右ページ：働きアリ

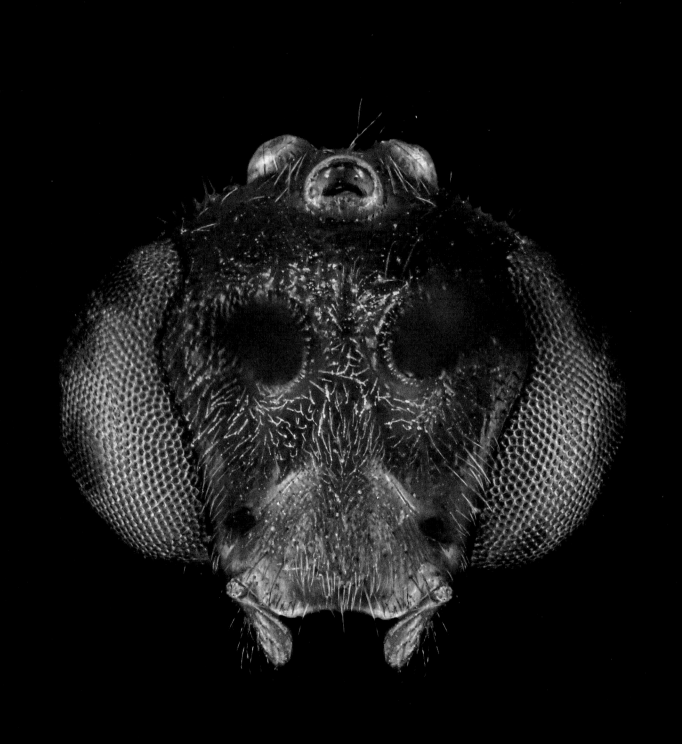

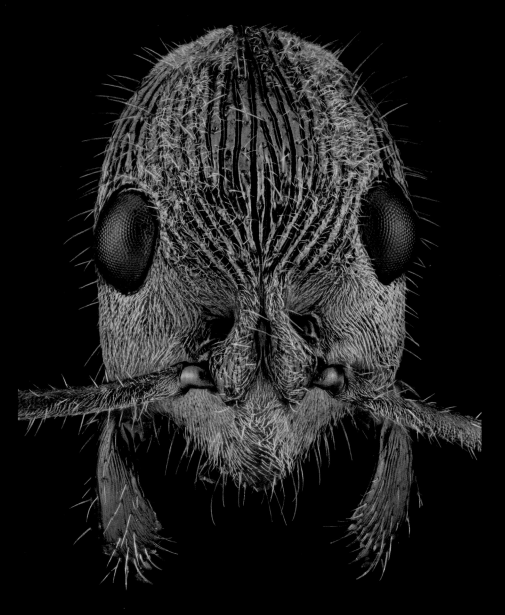

トゲオオハリアリ属
DIACAMMA

　トゲオオハリアリ属*Diacamma*の働き
アリは、蛹から出てきたときには胸部に小
さな翅芽のような突起（翅芽跡）をもってい
る。もしこれをそのままもっていれば、交
尾して女王アリになり産卵してコロニー
を造れる。だが、女王の役割を果たしてい
る個体（機能的女王）に翅芽跡を切られ
てしまうと、雄アリを受け入れて交尾する
ことはできず、死ぬまでずっと働きアリと
してすごすようになる。たいていの場合、
蛹から働きアリが出てくるのを機能的女
王が待ちかまえていて、翅芽跡を切断し、
生殖に参加できなくなるようにするのであ
る〔訳注：トゲオオハリアリ属には体型的には
っきり区別できる女王アリは存在しない〕。

　左ページの写真はルゴスムトゲオオハ
リアリ［新称］*Diacamma rugosum*の雄
アリの頭部である。雄アリの前頭部中央
に3つの単眼があるのが目立つ。これは
左右の複眼につぐ第3の眼ともいえるもの
で、光をキャッチし、自分の位置を確認す
るのに役立っている可能性がある。単眼
はすべてのアリにあるわけではないが、
飛行能力のある雄アリは、地上を行き交
うしかない働きアリよりも大きな単眼をも
っている。

ルゴスムトゲオオハリアリ
Diacamma rugosum
（東南アジアに分布）
左ページ：雄アリ　上：働きアリ

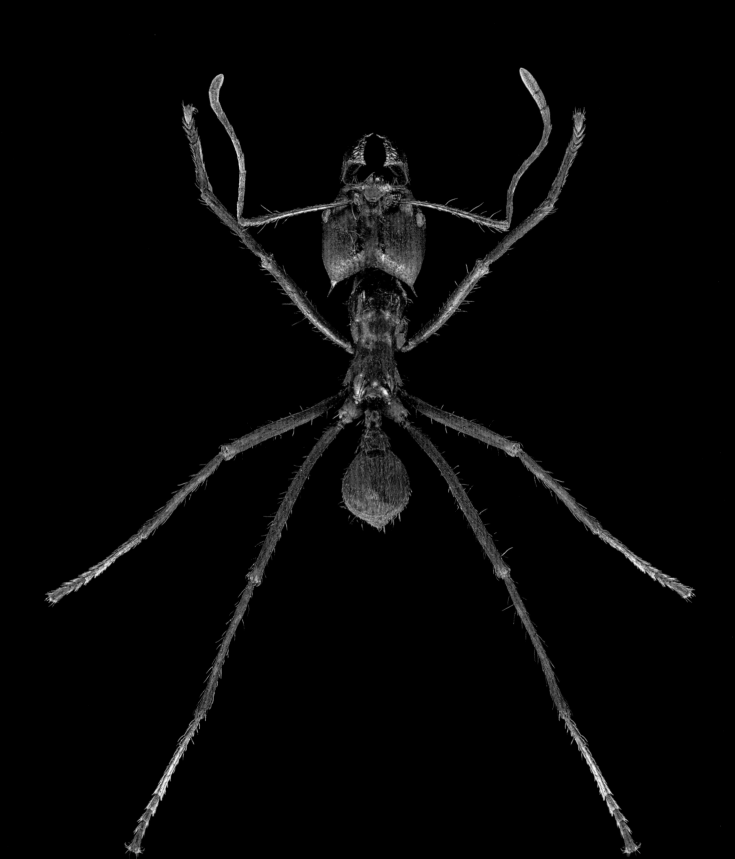

6 機能に見合った形態

昆虫はごくごく小さいので、効率が重要だ。無駄にするスペースはない。脊椎動物のような大きな動物に比べ、体積に対する表面積の割合が大きいため、水分が失われやすい。丈夫な外骨格で水分の損失を防いでいるが、わずかなすきまでもあれば、数分で脱水して死んでしまうかもしれない。腹部の横に並ぶ呼吸のための気門は、空気を取り込んだらすぐ閉じて、水分を逃がさないようにしている。

また、日常生活を送るためには防御手段や道具が必要だ。敵に立ち向かい、食物を集め、幼虫の世話をし、体をきれいにし、巣の外を調査し、巣を造って守りまた維持しなくてはならない。わたしたち人間が時計を見たりカレンダーをめくったりするのと同じように、時間や季節の経過を把握する必要もある。アリの体の構造には、このような日常生活に必要なものが、きわめてシンプルかつ美しくつめこまれている。

昆虫の体は、基本的に3つの部分からなる。頭部には触角や口器、眼などがあって外界の情報をとらえる。胸部には移動するための翅や6本の脚がある。腹部には内臓の大部分が収まっている。アリの体は、このような基本的な昆虫の体をベースとして、特殊化がほどこされている。体表の溝や突起には必ず何らかの目的があり、よく観察すれば、そのアリが何を必要としどのような習性をもっているのかについて、ヒントを与えてくれる。大げさにいうならば、アリの体を見れば、地球上の生物には驚くほどの多様性があることや、形態と機能が精緻かつ大胆に交差していることがわかり、足元で暮らす生きものたちには途方もない美しさがあるのを知ることができるのだ。

ドイツの建築家ヴァルター・グロピウスは、1919年にバウハウスという伝説的な学校を設立し、世界を再構築するアーティストやデザイナーの育成をもくろんだ。グロピウスは、美的な営みとしてのアートではなく、アートが実用性や社会と交差するところに興味を抱いていた。学生たちは、問題解決に焦点をあててデザインすることを奨励され、その結果創り出された簡潔で見慣れぬ構造は、当時の街並みで当たり前だった伝統的な装飾的建築物に比べて過激なものに見えた。こうして生まれた近代建築は、求められた機能に対する答えを追求することによって、シンプルかつエレガントな独自の形態を生み出すことになったのだ。

左ページ:
ケファロテスハキリアリ[改称]*Atta cephalotes* の働きアリ
（中央アメリカ・南アメリカ北部に分布）

アリは自然界が創り出したバウハウス的な存在だ。アリの体にはぜいたくする余裕はなく、質素ではあるが、背中に密生するトゲや柳のような脚など、さまざまな創意工夫に富む適応が見られる。アリはさまざまに異なる多様なニッチを埋めているので、アリというグループのなかには途方もない多様性が見られる。アリの形が何を意味するのか、それについて考えることは、わたしたちの世界の土台となる複雑な関係を解きほぐしていくことにもなる。

どのアリの種でも、顔にはその生活にかかわる多くの秘密が隠されている。大顎のカーブ、眼のサイズ、頭部の厚みからは、どうやって食物を食べ、誰とともに過ごし、誰を殺し、誰の世話をするのかがわかる。ただし、アリの行動に関するある側面については、写真からは明らかにはならない。どんなに眼のいいアリでも、人間に比べればあまりよく見えていないため、ほとんどのアリは化学物質に頼っているのである。触角と口器を中心とした複雑な感覚系によって嗅覚と味覚を駆使し、環境を探索しているのだ。

アリには、ほかの昆虫に比べて匂いの受容体が5倍もあり、匂いを通して世界を「見て」いる。地球上のほとんどの生物はこれにかなわない。ほかのアリに出会うと、触角でさかんに相手の体に触れる。相手が同種かどうか、同種の場合は同じ巣の仲間かどうかを、化学物質によるバーコードでもって確認しているのだ。姉妹の働きアリの通って行った眼に見えない跡を匂いでたどり、食物のある場所に行き、巣に戻ってくることができる。これは種特有の道しるベフェロモンによるものであり、別種のアリには感知できない。また、自分がどんな食物を見つけたのか、体に触ってもらったり、なめてもらったりして仲間に知らせることもできる。仲間の腹部や口から発せられる見えない呼びかけに答えることもできる。このような感覚を生かして、別種のアリにスパイとしてまぎれこむアリもいる。アマゾンの森林に生息するオオアリの1種は、シリアゲアリの1種と一緒の巣に住んでいて、同居人の道しるベフェロモンの匂いを感知して跡をたどり、食物にありつくことができるのだ。

右ページ:
シングラリスオオアリ Camponotus singularis の大型働きアリ
（東南アジアに分布）

シワアリ属
TETRAMORIUM

　シワアリ属 *Tetramorium* は世界中に分布している。性質はおだやかで、アブラムシの世話をしたり、舗装路やコンクリートのすき間から出てきて、吐き捨てられたガムやゴミ、ミミズや昆虫の死体を片づけてコンクリートの下に造った巣に持ち帰ったりしている。シワアリには針があるが、それで刺すわけではない。針の先端はへら状に平たく、街中をうろつきながら道しるべフェロモンの跡をつけるのに役立っている。外骨格はよろいのように丈夫で、表面には細かいトゲが生えている。平和を好むアリではあるが、年に一度やってくる戦いのシーズンのために装甲を備えているのだ。春になって巣から出てきたアリたちは幾多の戦いを重ねる。同じ種のコロニー同士の戦いである。わたしたちの足の下では、数千匹のアリたちが大戦闘をくりひろげているのだ。数時間、時には数日間も続く戦いで、相手を傷つけ体を引き裂こうとする。これはなわばりをめぐる争いであり、それによって狩り場の境界線が決まるのである。戦いはいきなり始まったかと思えばあっけなく終わる。境界が決まるとアリたちは巣に帰っていく。あとに残されるは、敵も味方も入り混じった数多のしかばねだ。じきに春の嵐にあおられてころがっていく。そして次の春まではしばらく平和が続くのだ。

インプルムシワアリ *Tetramorium impurum* の働きアリと幼虫
（ヨーロッパに分布）

インブルムシワアリ Tetramorium impurum の女王アリ、働きアリと幼虫
（ヨーロッパに分布）

ケアリ属
LASIUS

　アリのなかには、ものを切り裂く大顎や針のあるものもいるが、この穏やかなアリにはどちらもない。口器は短く、アブラムシやヨコバイが出す甘い蜜をなめるのにちょうどよいあんばいだ。キイロケアリ *Lasius flavus*、ヨーロッパトビイロケアリ *Lasius niger*、ヒメトビイロケアリ *Lasius alienus* は地下に巣を造り、化学物質の跡をたどって甘い食物にたどりつく。ヨーロッパトビイロケアリ（7〜9ページ）は四大陸（北アメリカ、アフリカ、アジア、ヨーロッパ）に分布し、アリのなかでは分布域の広い部類である。このアリは寿命が長く、働きアリは1〜2年生き、女王アリは30年近く君臨する。ヒメトビイロケアリは甘いものが大好物で、ほかの意外な生きものたちと友情をはぐくんできた。アブラムシを世話して蜜をもらうだけではなく、ヒメシジミの幼虫をエスコートして捕食者から守るのとひきかえに、その幼虫が分泌する蜜をもらっているのである。

キイロケアリ *Lasius flavus* の働きアリと幼虫
（ユーラシアに分布）

キイロケアリ *Lasius flavus*
（ユーラシアに分布）

左ページ：働きアリ　上：働きアリと幼虫

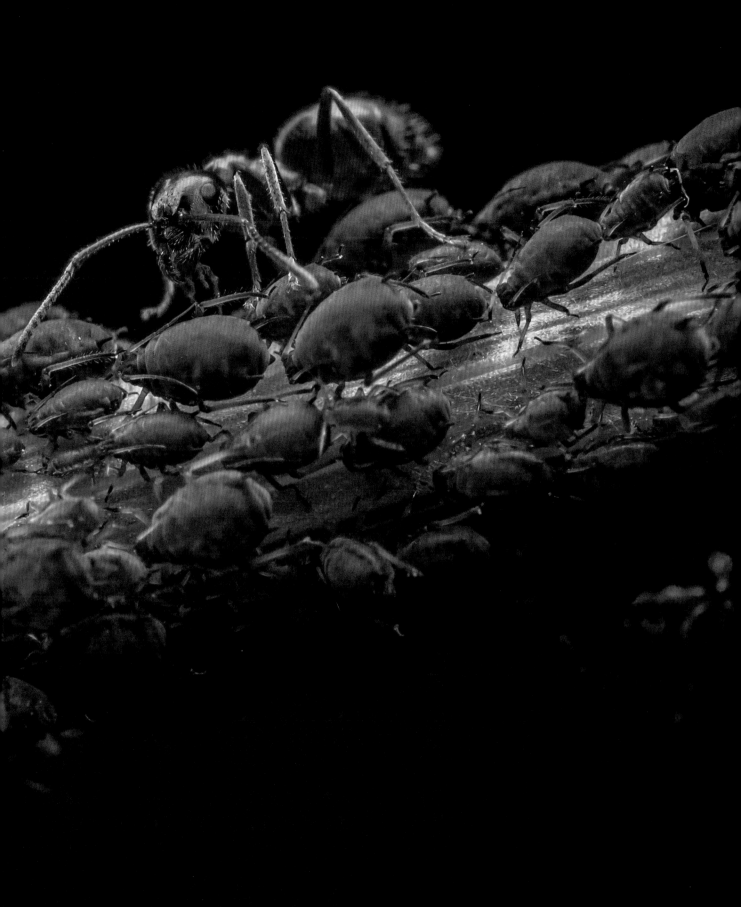

アブラムシの世話をするヒメトビイロケアリ *Lasius alienus* の働きアリ
（ユーラシアに分布）

オオアリ属
CAMPONOTUS

オオアリ属*Camponotus*は体はでかいが穏やかなアリで、昼間によくうろついている。匂いだけではなく、比較的大きな眼で風景の目印をおぼえる。朽木を掘って巣を造ることから、「大工アリ（carpenter ant）」とも呼ばれる。広食者で、いろいろなものを食べる。大顎に生えた歯でものを咬みちぎるのは、ある意味、人間と似ている。だが、歯はそれほど鋭いわけではなく、アブラムシなどから蜜をもらうときに相手を傷つけることはない。オオアリ属内の種はどれもよく似ているが、顔つきを見れば、それぞれのニッチに完璧に適応しているのがよくわかる。

右ページの写真はフルウォピロススオオアリ［新称］*Camponotus fulvopilosus*の働きアリで、腹部の先端をきれいにしているところだ。獲物を狩るよりは、農業をしたり掃除屋として活動したりすることが多く、腹部にある腺からは、道しるべフェロモンや警報フェロモンのほか、蟻酸などの防御物質も噴き出す。アリのなかには、サシハリアリ属*Paraponera*（106ページ）のように腹部の針で獲物に毒を注入するものもいる。

上：デトリトゥスオオアリ［新称］
Camponotus detritus の働きアリ
（アフリカ南部に分布）

右ページ：フルウォピロススオオアリ
Camponotus fulvopilosus の働きアリ
（アフリカ南部に分布）

フルウォピロススオオアリ *Camponotus fulvopilosus* の働きアリ
（アフリカ南部に分布）

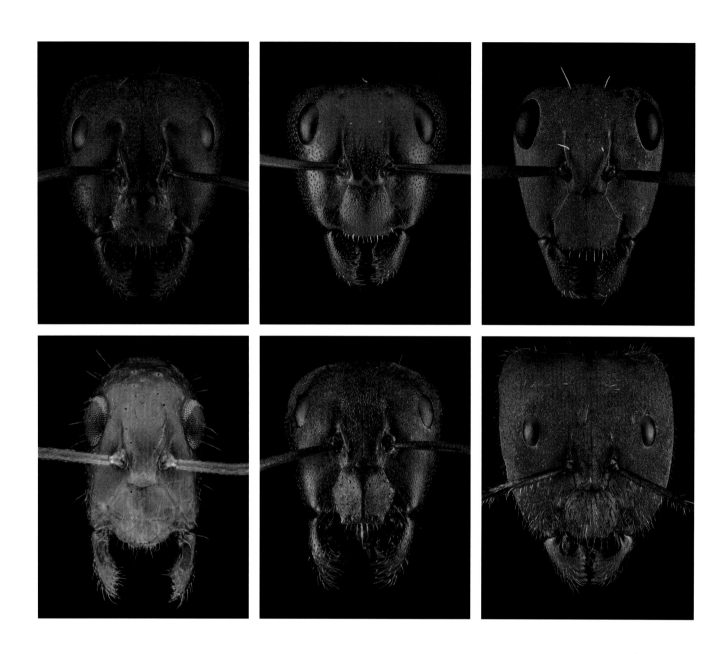

上列の左から：
バルバリクスオオアリ［新称］*Camponotus barbaricus* の働きアリ（地中海西部地域に分布）
デトリトゥスオオアリ *Camponotus detritus* の働きアリ（アフリカ南部に分布）
フルウォピロススオオアリ *Camponotus fulvopilosus* の働きアリ（アフリカ南部に分布）

下列の左から：
マクラトゥスオオアリ［新称］*Camponotus maculatus* の働きアリ（アフリカに分布）
ミカンスオオアリ［新称］*Camponotus micans* の働きアリ（地中海西部地域に分布）
シングラリスオオアリ *Camponotus singularis* の大型働きアリ（東南アジアに分布）

右ページ：
オオアリ属 *Camponotus* の働きアリ（世界中に分布）

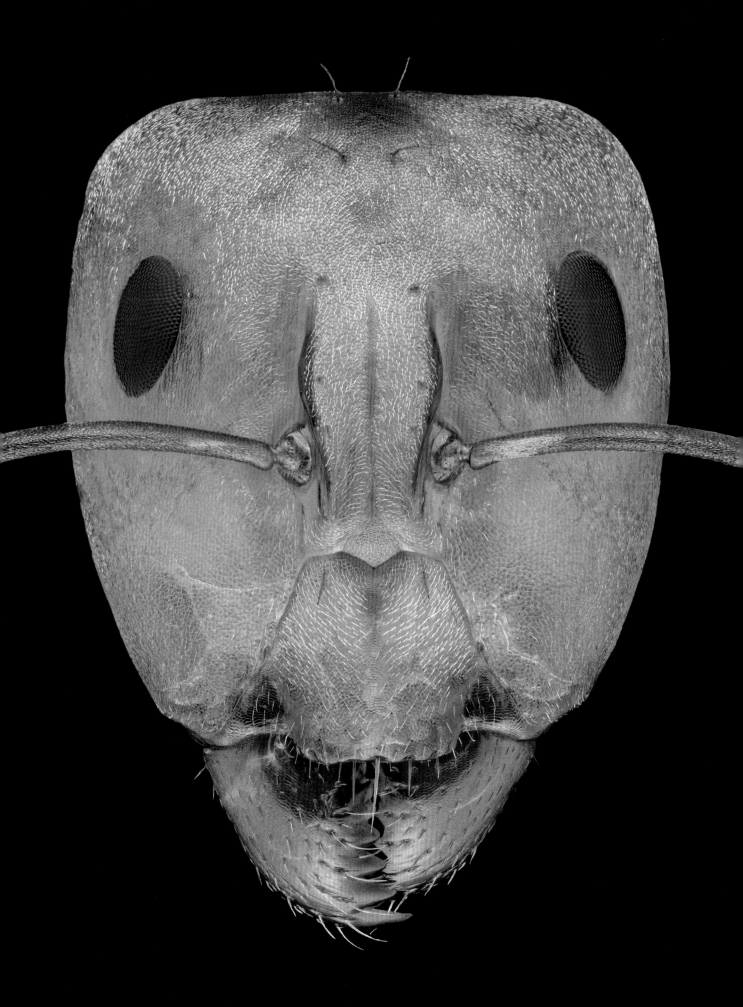

カブトアリ属
CATAULACUS

　カメアリ類のカブトアリ属 *Cataulacus* は枝の内部の小さな空洞に巣を造る。巣への入口は、枝の表面に開いた小さな穴である。働きアリが、平たく固いよろいのような頭でこの穴をふさいでいる〔訳注：樹上に生息する頭部の著しく扁平なカブトアリ属とナベブタアリ属 *Cephalotes* のアリをカメアリ類と呼んでいる〕。

グラヌラトゥスカブトアリ［新称］
Cataulacus granulatus
（東南アジアに分布）

上：働きアリと幼虫
右ページ：働きアリ

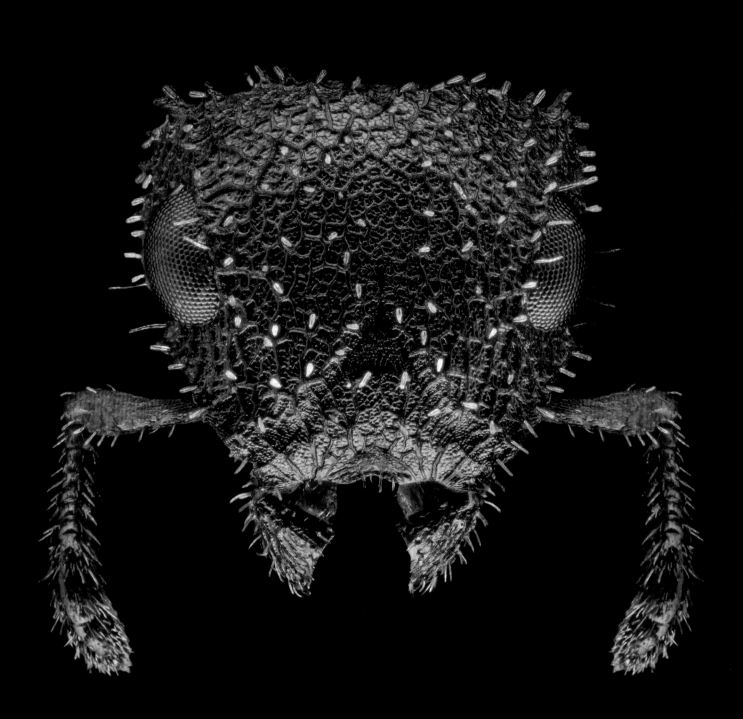

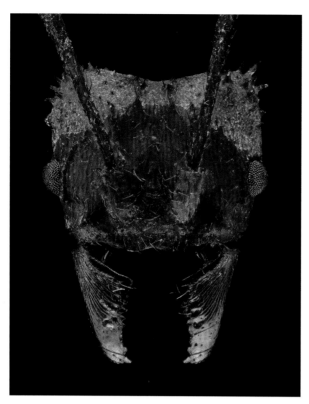 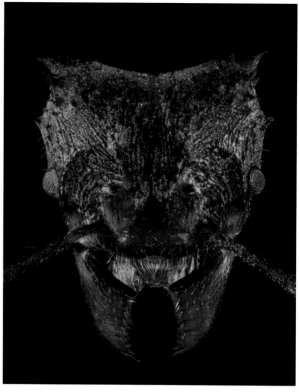

ハキリアリ属とトガリハキリアリ属
ATTA AND *ACROMYRMEX*

　人類が植物の種をまき始めるよりもはるか昔から、菌類（カビやキノコ）を育ててきた
アリがいる。複雑なシステムをつくりあげ、一種の農業を営んでいるのだ。ハキリア
リ属*Atta*やトガリハキリアリ属*Acromyrmex*もそのようなアリのグループである。こ
のアリたちは巣の中に菌園を造ってキノコを栽培する。新女王となるアリは、育った
巣の菌糸を少しもらって外界に出て行く。自分のコロニーを造るにあたり、口の中に
含んでいたその菌糸をボール状にして吐き出して菌園づくりを開始する。その後、生
まれてきた働きアリたちが森林の林冠や下生えから葉を調達してくるようになると、そ
の葉を養分としてキノコが育ち、アリが生きるのに必要な栄養分を供給してくれると
いうわけだ。アリたちは寄生虫や不要な菌類を取り除き、菌園の手入れにいそしむ。
栽培には窒素固定細菌の助けも借りる〔訳注：窒素固定細菌は空気中の窒素分子をアン
モニウムイオンに変換する。これが菌類の肥料になる〕。

　ハキリアリ属とトガリハキリアリ属のアリたちは、「葉切り」という名前の通り、植物
の葉を切り取って持ち帰り、菌園に運び込む。熱帯の林床にはこのアリたちの行列
が見られる。自分の体よりもはるかに大きな、切り口のカーブも滑らかな葉片をかかげ、
風に吹かれてよろけながらも進む様子は、緑色の小さな帆船のようにも見える。この
アリの体表面には剛毛が一面に生え、くぼみやでっぱりもあって、葉片を運ぶささえ
になっている。道しるべフェロモンをたどっていくため、大きな眼は必要ない。大きな
頭部につまっているのは顎の筋肉だ。顎をハサミのように使って葉を切り取るのである。
頭部にある突起は葉を切り取ったり運んだりするのに役立つ。

上左：
トゲトガリハキリアリ
*Acromyrmex echinatior*の働きアリ
（中央アメリカに分布）

上右：
ウォルカヌストゲトガリハキリアリ［新称］
*Acromyrmex volcanus*の働きアリ
（中央アメリカに分布）

右ページ：ケファロテスハキリアリ
*Atta cephalotes*の働きアリ
（中央アメリカ・南アメリカ北部に分布）

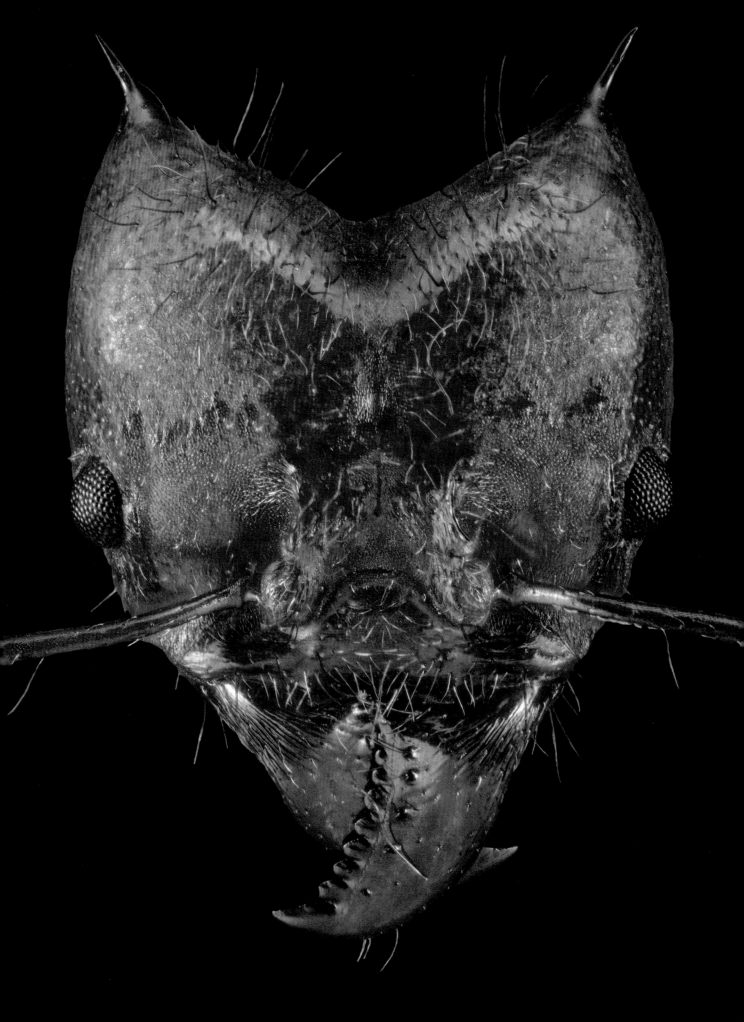

ケファロテスハキリアリ *Atta cephalotes* の働きアリ
（中央アメリカ・南アメリカ北部に分布）

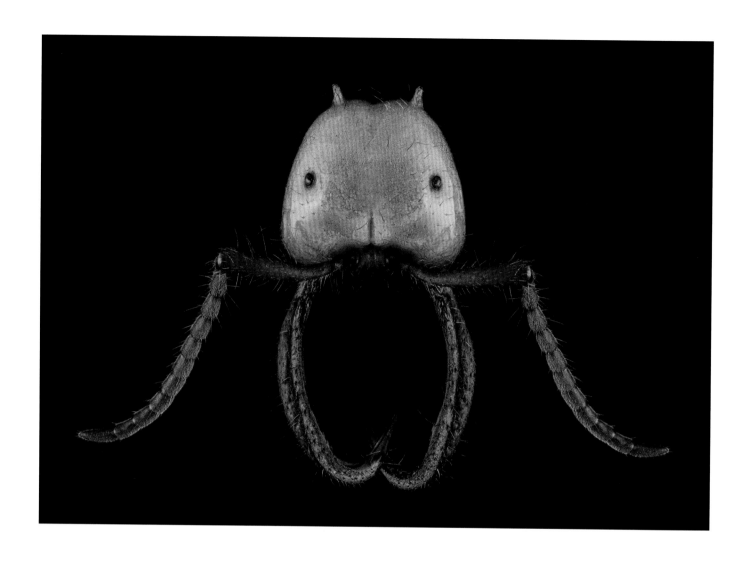

グンタイアリ属とサスライアリ属
ECITON AND *DORYLUS*

　グンタイアリ属*Eciton*とサスライアリ属*Dorylus*のアリは、めったに一カ所にとどまることがない。大群をなして地上を移動し、その道筋にあるものを何でもたいらげていく。鳥など、ある種の動物はこの大移動にうまく適応している。大群を見つけるとそのあとをついていき、押し寄せるアリから逃げ惑う生きものたちをつかまえ、ごちそうにあずかるのだ。大群で移動するアリの1匹1匹は視力が悪くてもかまわない。サスライアリ属の働きアリは眼が見えないが、鋭くとがった力強い顎でものを引き裂いていく。生態系を破壊し片づけるという価値ある働きをしているのである。この顎は実に強力なため、けがをした人の傷口を縫うのに応急的に利用される場合もあるほどだ。上の写真のように、グンタイアリ属の大型働きアリは巨大な顎をもつ。この顎でものを運んだり防衛したりする。また、顎で咬みつきあって多数の個体が体を組み合わせ、当座の巣や橋のような構造物を作ることもできる。

上：
ハマトゥムグンタイアリ[改称]
Eciton hamatum の大型働きアリ
（中央アメリカ・南アメリカ北部に分布）

右ページ：
サスライアリ属
Dorylus の1種の働きアリ
（アフリカ・アジアに分布）

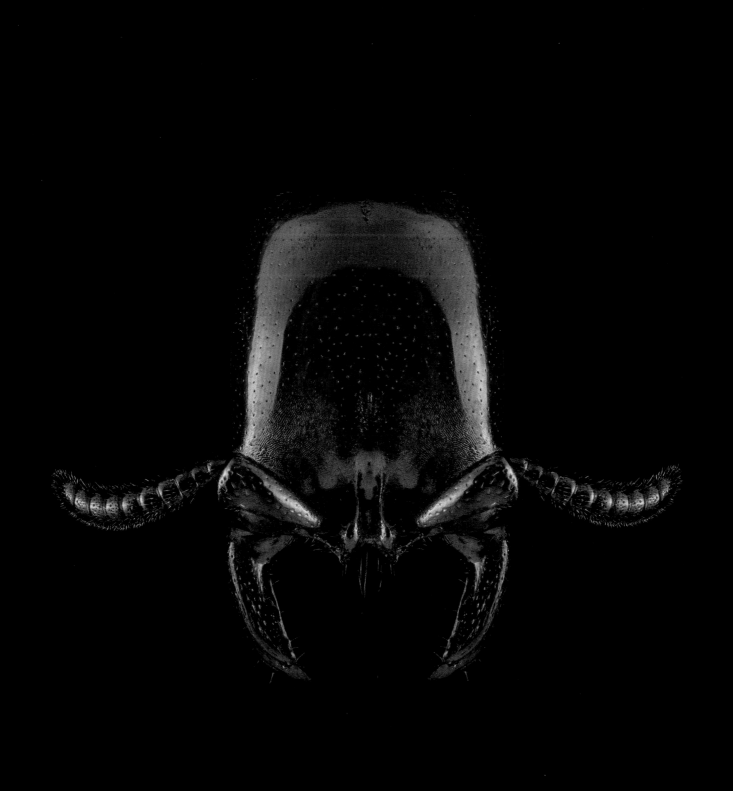

ハマトゥムグンタイアリ *Eciton hamatum* の大型働きアリ
（中央アメリカ・南アメリカ北部に分布）

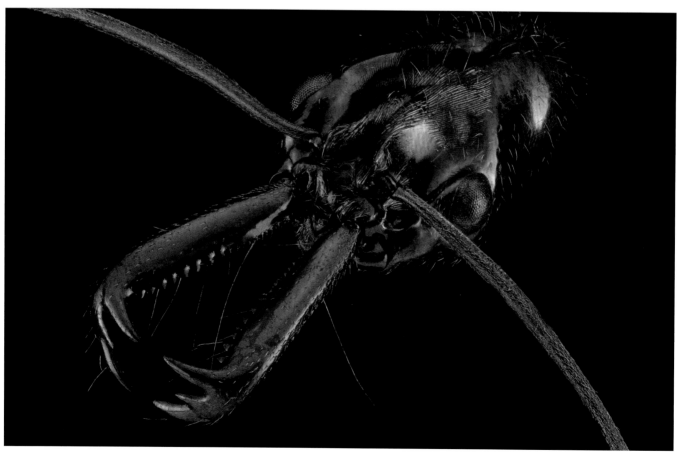

ホンウロコアリ属、スキバハリアリ属、ハンミョウアリ属、アギトアリ属、キバハリアリ属
DACETON, HARPEGNATHOS, MYRMOTERAS, ODONTOMACHUS, AND MYRMECIA

「わなあごアリ（trap jaw ant）」と呼ばれるアリたちは、ハンターにうってつけの装備をもっている。大きな眼は獲物を見つけるのに役立ち、恐ろしい顎もある。なかには針をもっていて相手を刺すものもいる。アリの針には2つの役割がある。身を守るために針で人間を刺すこともあるとはいえ、シロアリなどの獲物を無力化するのにも用いることのほうが多いのだ。わなあごアリたちが獲物に忍び寄るとき、あるいはうずくまって待ち伏せするときは、大顎を180度開いている。これは戦闘準備が整った状態である。強大な顎の筋肉に最大限のエネルギーをたくわえ、かまえているのだ。顎を閉じる勢いはすさまじく、獲物がまっぷたつに切断されてしまうほどである。バウリアギトアリ［新称］*Odontomachus bauri* の大顎の筋肉は超強力だ。時速230kmの速さで顎を閉じ、重力加速度は10万gに達する。この速度は、大顎や脚など体の一部の動きとしては動物界で2番目だ。（最速は「ドラキュラアリ」と呼ばれるヘラアゴハリアリ属 *Mystrium* のカミラエヘラアゴハリアリ［新称］*Mystrium camillae* で、時速320kmで顎を閉じる）。「アカブルドッグアリ」とも呼ばれているグロサキバハリアリ［新称］*Myrmecia gulosa* は、嗅覚は退化しているが、そのかわりに大きな眼で獲物の動きを感知する。わなあごアリのなかには、逃げるのに顎を用いるものもいる。顎を閉じる勢いで十数cm飛びすさり、危険を避けるのである。サルタトルスキバハリアリ［改称］*Harpegnathos saltator* もわなあごアリの1種だが、脚を用いてダイナミックなジャンプをする。

〔訳注：カミラエヘラアゴハリアリは、自分の巣の幼虫から体液を吸って食物とする。この行動は他の属のアリにも見られる。「ドラキュラアリ」というのはこのような行動を示すアリの総称である〕

上：
アギトアリ
Odontomachus monticola の働きアリ
（東南アジアに分布）

左ページ上・下：ハスタトゥスアギトアリ［新称］
Odontomachus hastatus の働きアリ
（中央アメリカ・南アメリカ北部に分布）

左ページ・上：
アルミゲルムホンウロコアリ *Daceton armigerum* の働きアリ
（南アメリカ北部に分布）

ビンガミイハンミョウアリ *Myrmoteras binghamii*
（東南アジアに分布）

上：働きアリとまゆ　右ページ：働きアリ

グロサキバハリアリ *Myrmecia gulosa*
（オーストラリア東部に分布）

上：働きアリ　右ページ：働きアリの腹部

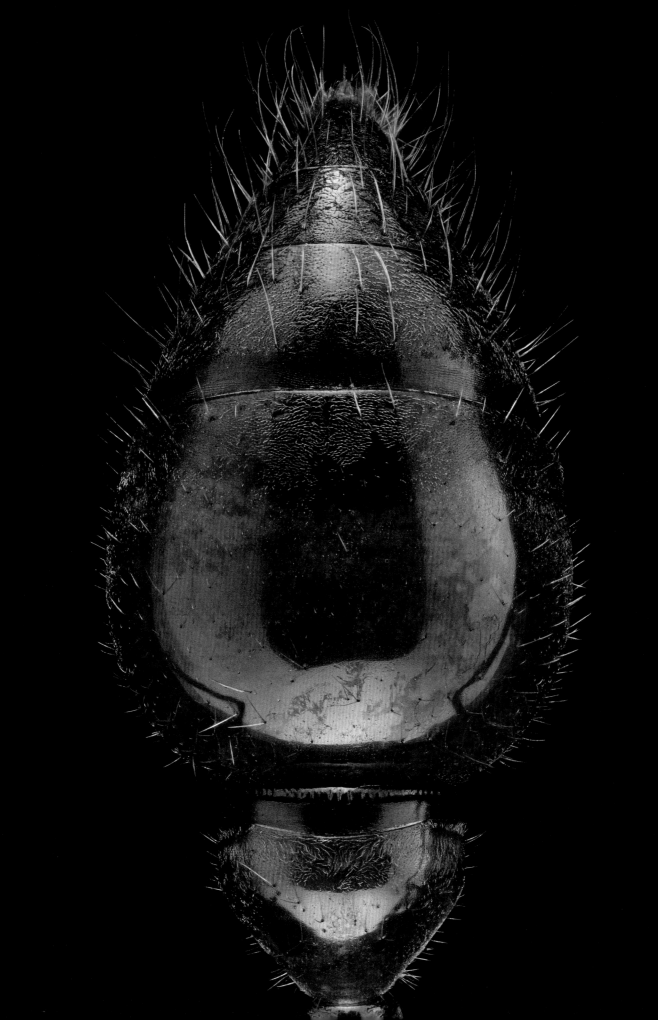

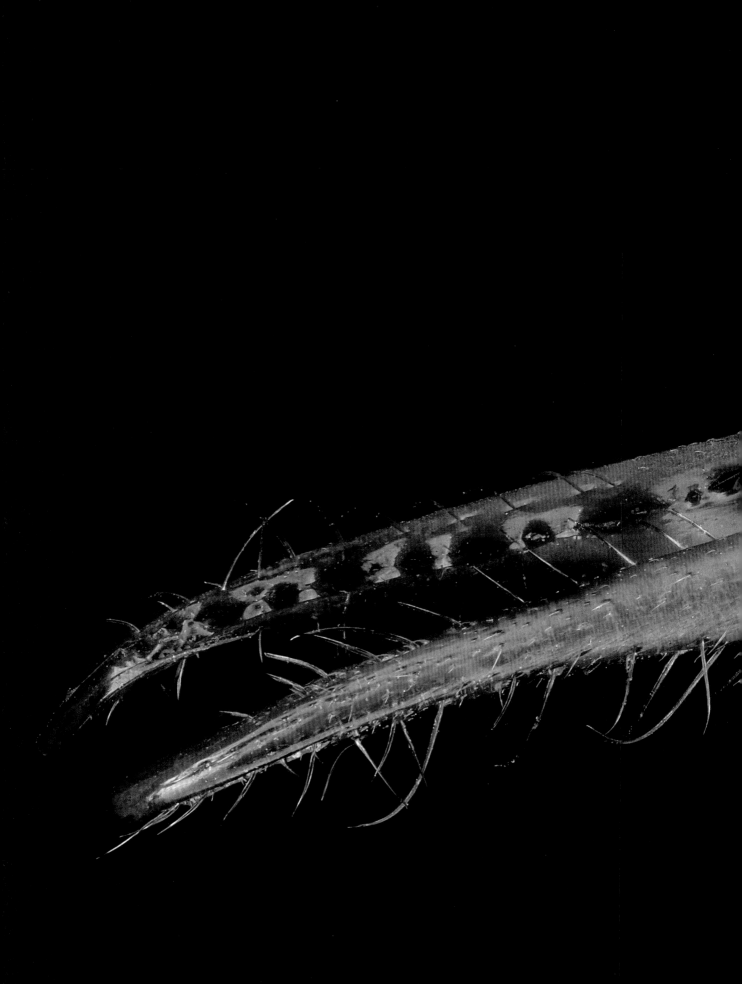

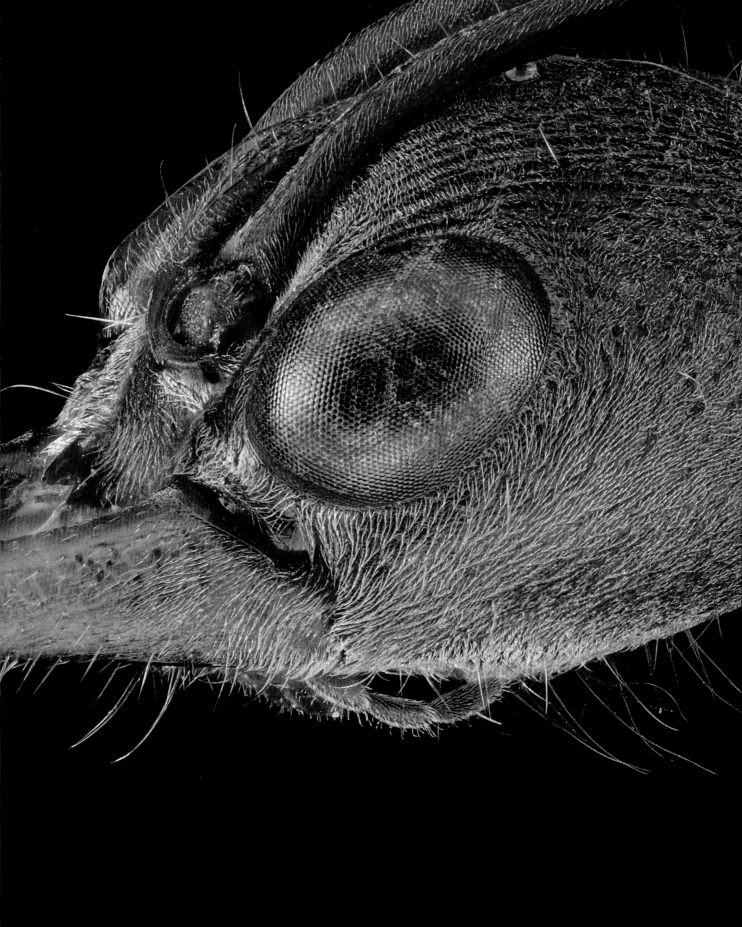

グロサキバハリアリ *Myrmecia gulosa* の働きアリ
（オーストラリア東部に分布）

サルタトルスキバハリアリ *Harpegnathos saltator* の働きアリ
（インド・スリランカに分布）

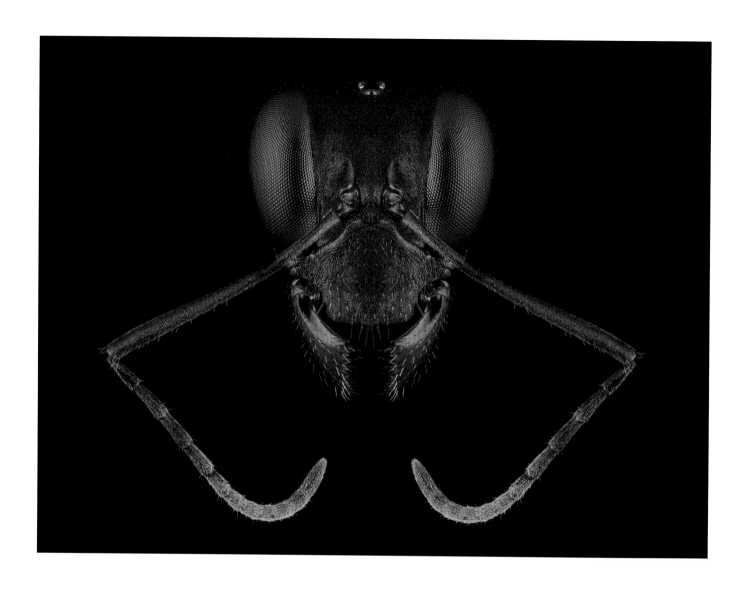

メダマハネアリ属
GIGANTIOPS

　一部のわなあごアリと同様に、デストルクトルメダマハネアリ*Gigantiops destructor*もジャンプ力が強い。ただし、顎を閉じるときの反動ではなく、長くたくましい脚でジャンプして危険を回避する。巨大な眼で、獲物も危険も驚くほど敏感に感知できる。頭部のサイズに対する比率でいえば、この眼はアリのなかで最人である。獲物を追跡したり待ち伏せしたりするさまは小さいながらもトラのようだ。このアリの習性はつい最近までほとんどわかっていなかった。興味を抱いた昆虫学者が近づこうとしても、めざとく見つけてジャンプし、走って姿をくらましてしまうのだ。アリにとっては人間も危険な対象なのである。

上・右ページ：
デストルクトルメダマハネアリ
*Gigantiops destructor*の働きアリ
（南アメリカ北部に分布）

上・右ページ:
デストルクトルメダマハネアリ *Gigantiops destructor* の働きアリ
（南アメリカ北部に分布）

ニセハリアリ属
HYPOPONERA

　ニセハリアリ属 *Hypoponera* が人目につくことはほとんどない。地面のすぐ下や落ち葉の下、倒木の内部などを好み、表に出てこないためだ。食べられるものはなんでも食べ、生態系の縁の下の力持ち的な役割を果たしている〔訳注:「なんでも食べ」るとはいえ雑食性ではなく、トビムシなどの土壌中にいるごく小さな節足動物を主に食べている〕。このアリたちが人間を目にすることはないだろう。地下での活動に視力は必要ないため、眼が退化してかなり小さくなっているのである。

上・右ページ:
プンクタティッシマニセハリアリ[新称]
Hypoponera punctatissima の働きアリ
（世界中に分布）

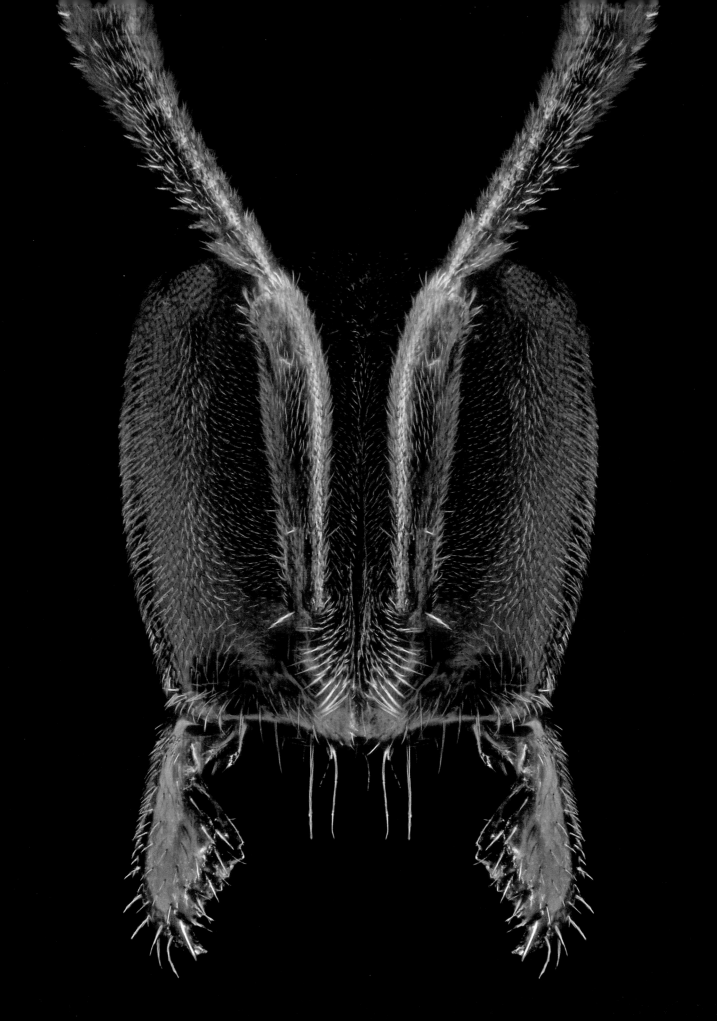

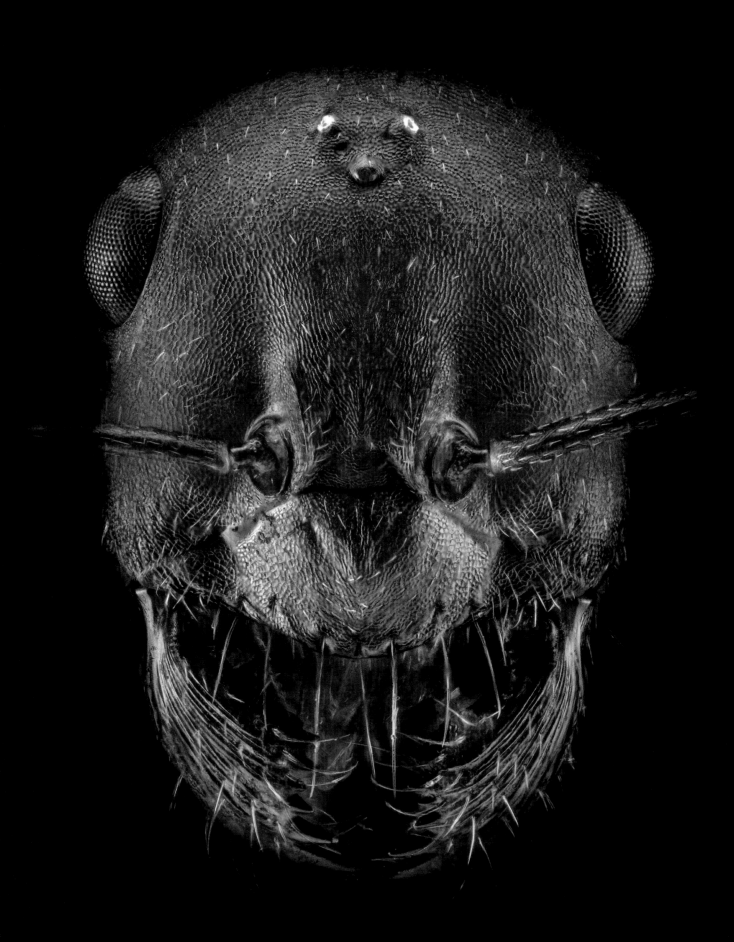

ウマアリ属
CATAGLYPHIS

　世界で最も暑くなるサハラ砂漠のようなところには、アリが目印にできるような特徴的な地形がない。また、吹きすさぶ風が砂を運び、道しるべフェロモンを残したとしても消えてしまう。そのような環境で生活するウマアリ属 *Cataglyphis* は、太陽を目印にしている。大きな複眼は、砂漠の熱を避けて身を隠している動物たちを探し出すのに役立っている。複眼とは別によく目立つ単眼が3つあり、これで太陽の位置を感知し、それを手がかりにして巣と餌場との間を移動しているのだ。ビコロルウマアリ［新称］*Cataglyphis bicolor* は知られる限りもっとも耐熱性に優れたアリで、70℃近くまで耐えられる。砂漠に生息するアリには、熱に打ち勝つための共通の特徴が見られる。長い脚で熱い地面から体を浮かせ、周囲の気温よりも体温を低く保つ。また電光石火の速さで走るので、一カ所にとどまって火傷を負うこともない。サハラギンアリ *Cataglyphis bombycina* は秒速1mで疾走する。もし人間なら、フットボール競技場2つ分（約200m）を1秒で駆け抜けるほどの、凄まじい速さである。

サハラギンアリ *Cataglyphis bombycina* の大型働きアリ
（アフリカ北部に分布）

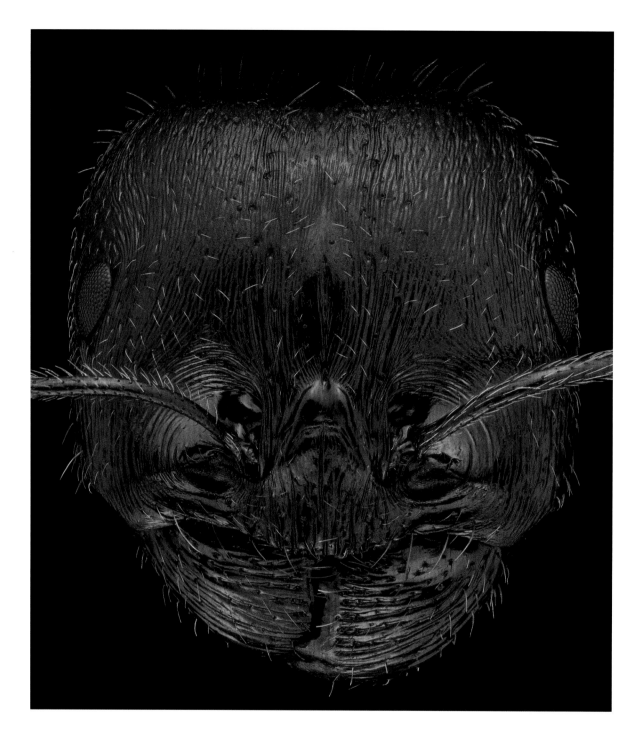

クロナガアリ属
MESSOR

　バルバルスクロナガアリ *Messor barbarus* はアリのなかでは巨体である。口はものを切り裂くには向かないが、咬む力は強い。このアリは収穫アリと呼ばれるタイプで、穀物が好物である。扁平な大顎は鳥のくちばしのように頑丈で、鎌がわりに使って穀物を刈り取り、運び、割るのにぴったりだ。

上・右ページ:
バルバルスクロナガアリ
Messor barbarus の大型働きアリ
（地中海地域西部に分布）

バルバルスクロナガアリ *Messor barbarus* の大型働きアリ
（地中海地域西部に分布）

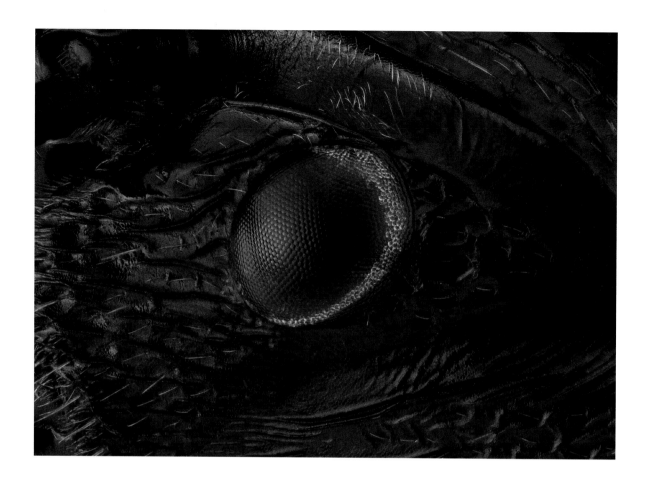

サシハリアリ属
PARAPONERA

　「弾丸アリ（bullet ant）」とも呼ばれるサシハリアリ *Paraponera clavata* は、アリにしては視力がよいほうだ。アリの複眼は多数の小さな個眼からできている。個眼は明暗を感知するが、1つ1つが見ているのはごく限られた小さな部分だけだ。個眼の集合した複眼全体で、大きな像をモザイク的に見ていることになる。サシハリアリの複眼は個眼の数が多く、獲物の動きを敏感に感知できる。単独で狩りをするこのアリは、鋭敏な眼を生かし、獲物にこっそりと忍び寄って素早く攻撃する。

　サシハリアリに刺されたときの痛みはアリのなかで最も強烈である。針自体はほかのアリとそれほど違わないように見えるが、問題は注入される毒だ。ハチやアリに咬まれたり刺されたときの痛みを数値化した「シュミット刺痛指数」というものがある。考案者のジャスティン・シュミットは、サシハリアリについて「強烈で目がくらむ。ただひたすら痛い。燃え盛る炭の上をはだしで歩いていて、しかもかかとに長さ10センチの釘が刺さっているような痛み」とコメントしている〔訳注：シュミット刺痛指数は、シュミット氏がハチやアリに自ら咬まれあるいは刺されて、感じた痛さをレベル1〜4で評価したもの。サシハリアリは最高レベルの4とされている〕。

サシハリアリ *Paraponera clavata*
（中央・南アメリカ北部に分布）

上：働きアリの複眼
右ページ：働きアリ

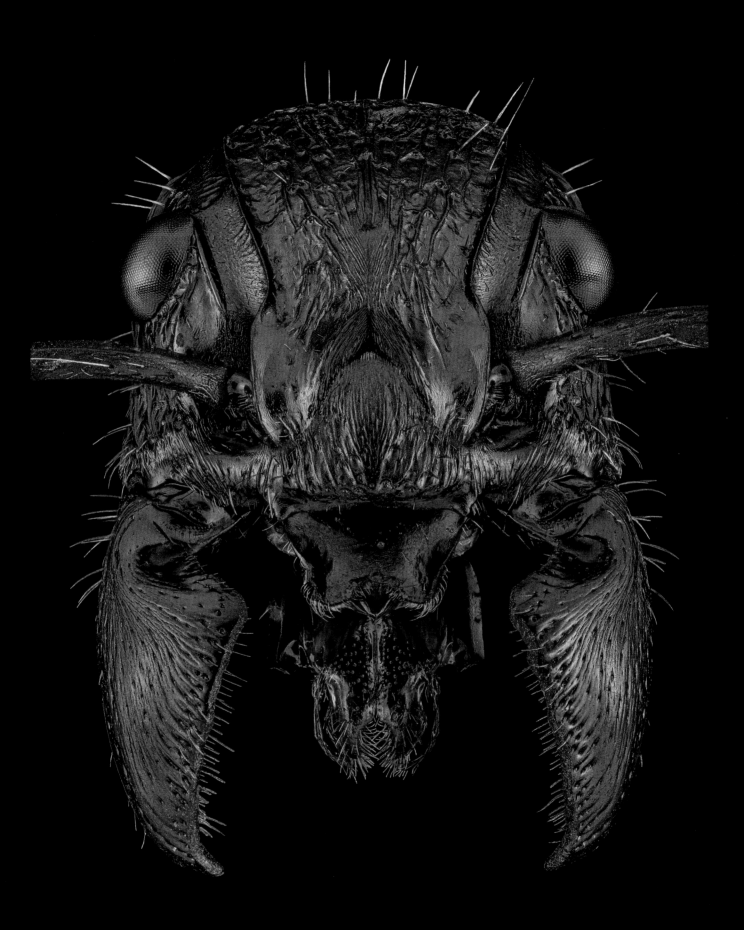

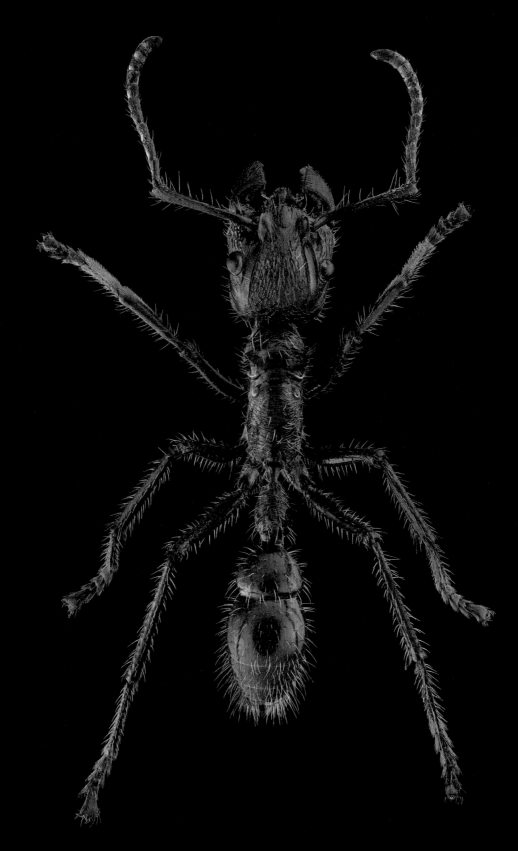

サシハリアリ *Paraponera clavata*
（中央・南アメリカ北部に分布）

上：働きアリ　右ページ：働きアリの腹部先端

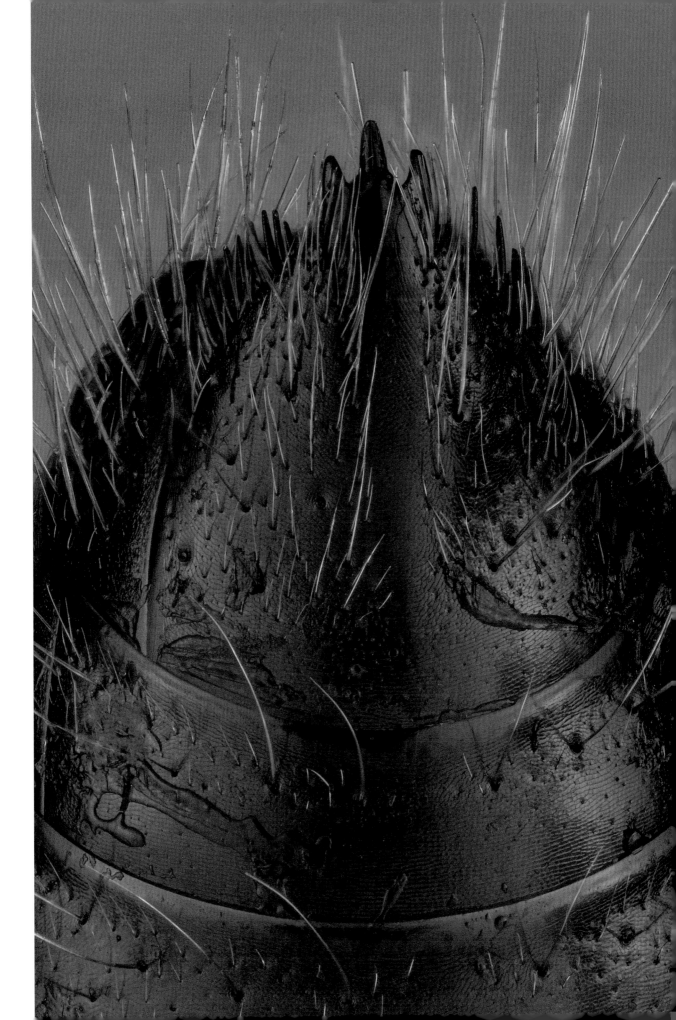

ニオイハリアリ属［新称］
PALTOTHYREUS

　アリの化学物質による防御は、腹部から放出される物質によるものばかりではない。アフリカニオイハリアリ［改称］*Paltothyreus tarsatus* は大顎腺から硫化物を放出する。腐った卵のような臭いで、仲間の働きアリたちに危険を知らせるのである。助けを求める沈黙の叫びのようなものだ。

上・右ページ：
アフリカニオイハリアリ
Paltothyreus tarsatus の働きアリ
（アフリカ中央部・南部に分布）

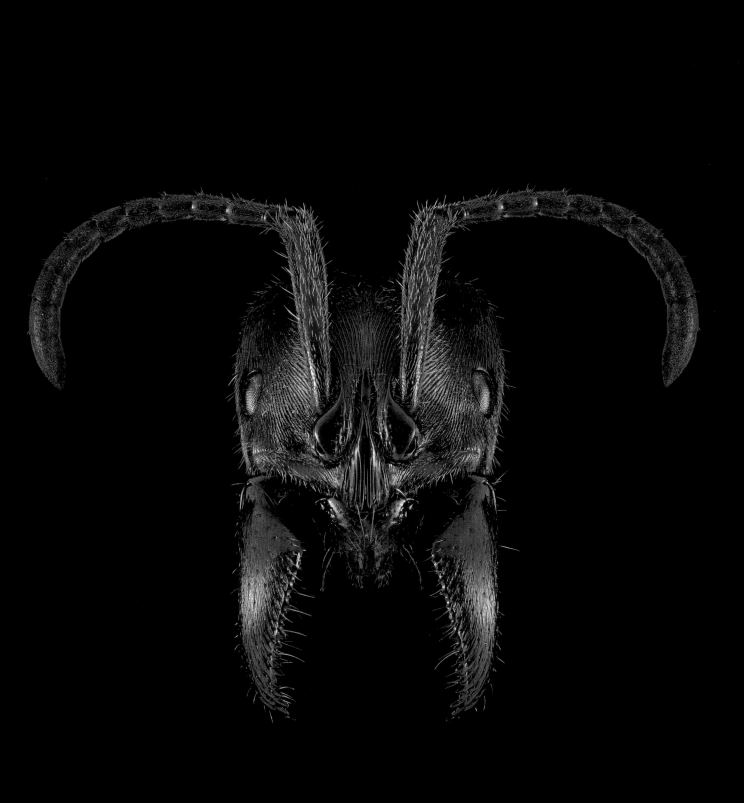

シリアゲアリ属
CREMATOGASTER

　シリアゲアリ属 *Crematogaster* は「曲芸アリ（acrobat ant）」とも呼ばれる。ハート型の腹部をパラソルのように立て、枝や物干し綱の上をつま先立ちで行くさまから名づけられたものだ。危ない目に遭うと、腹部を頭の上にもちあげて警報フェロモンをふりまき、仲間に危険を知らせる。人間が赤色旗をふるようなものだ。

スクテラリスシリアゲアリ *Crematogaster scutellaris* の働きアリ
（地中海地域に分布）

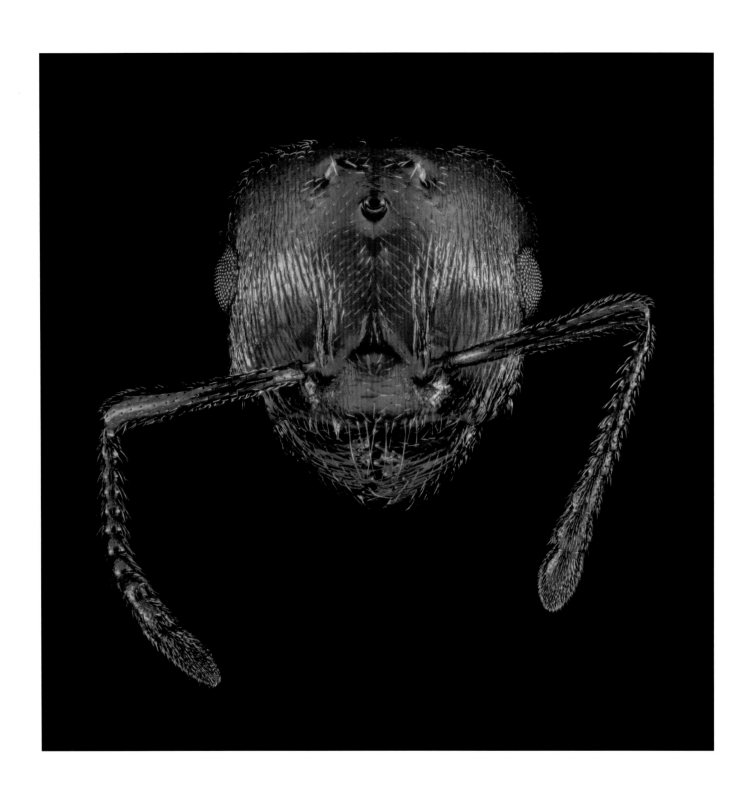

スクテラリスシリアゲアリ *Crematogaster scutellaris*
（地中海地域に分布）

上：女王アリ　右ページ：働きアリ

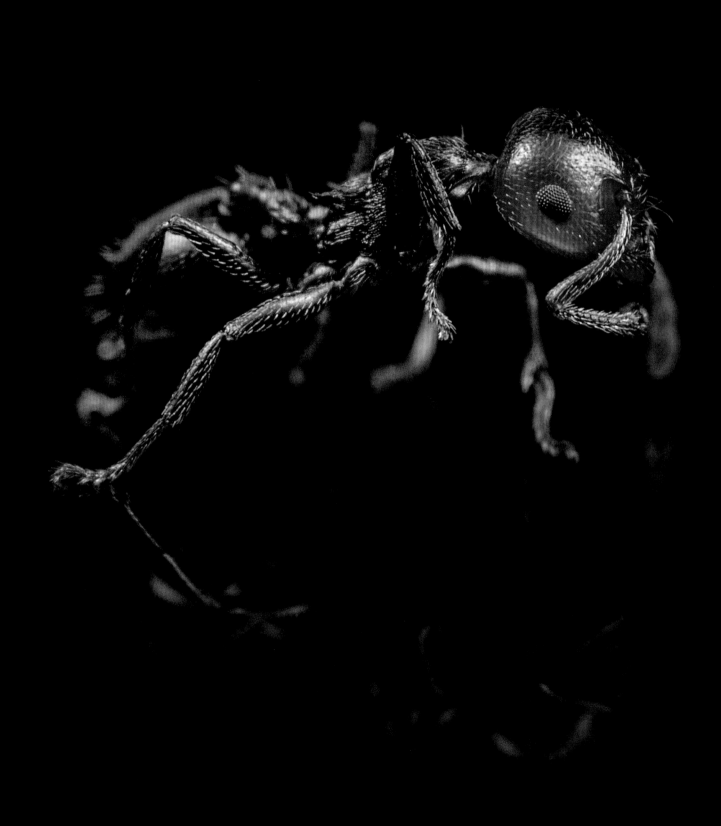

タタミアリ属、マガリアリ属、トゲアリ属
RHYTIDOPONERA, GNAMPTOGENYS, AND POLYRHACHIS

　生きもののなかには、なぜなのかはよくわかっていないが、メタリックな輝きをもつものがいる。メタリカタタミアリ［新称］*Rhytidoponera metallica* もそうだ。この虹色の輝きは、表皮の表面にある細かい凹凸が光を反射することで生じている。ある仮説によれば、動いていてもキラキラ光るしずくが流れているように見えるため、獲物をさがす捕食者の目をくらますことができるのだという。

　ビコロルマガリアリ［新称］*Gnamptogenys bicolor* の体はメタリックとはまた違った輝きに包まれている。体表一面に小さなくぼみがあるため、ほんとうはからっと乾いているのに、湿った草むらで朝露にしっとりとおおわれてきたかのように見えるのだ。

　トゲアリ属 *Polyrhachis* のなかには、木の葉を糸でつむいで巣を造る種や、地面に穴を掘る種がいる。体が金色や銀色の毛におおわれているものが多く、落ち葉のなかで宝石のように輝いて見える。このアリたちには針がない。花の蜜を好むため、毒針のようなものはほとんど必要ないのである。だが、危険な目に遭ったときは刺激物を相手に吹きかける。また、胸部の背面に生えたトゲも防御に使える。攻撃されると腹部を持ち上げ、後方に向かって生えた胸部のトゲと腹部の間に相手を挟み、痛い思いをさせるのだ。

左・118ページ:
メタリカタタミアリ *Rhytidoponera metallica* の働きアリ
（オーストラリアに分布）

119ページ:
ビコロルマガリアリ *Gnamptogenys bicolor* の働きアリ
（東南アジアに分布）

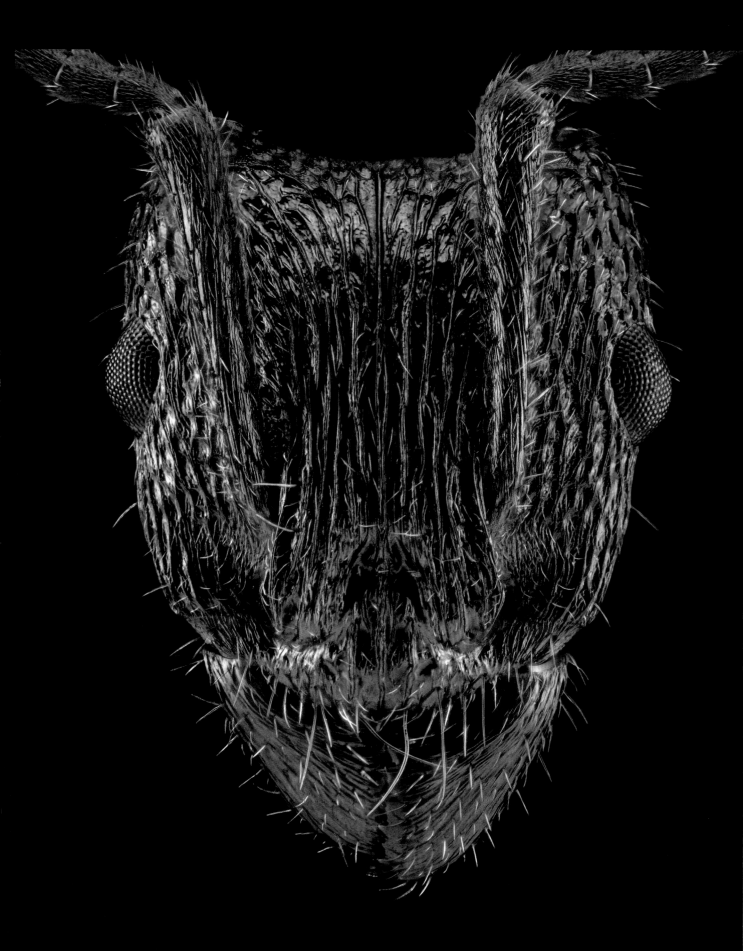

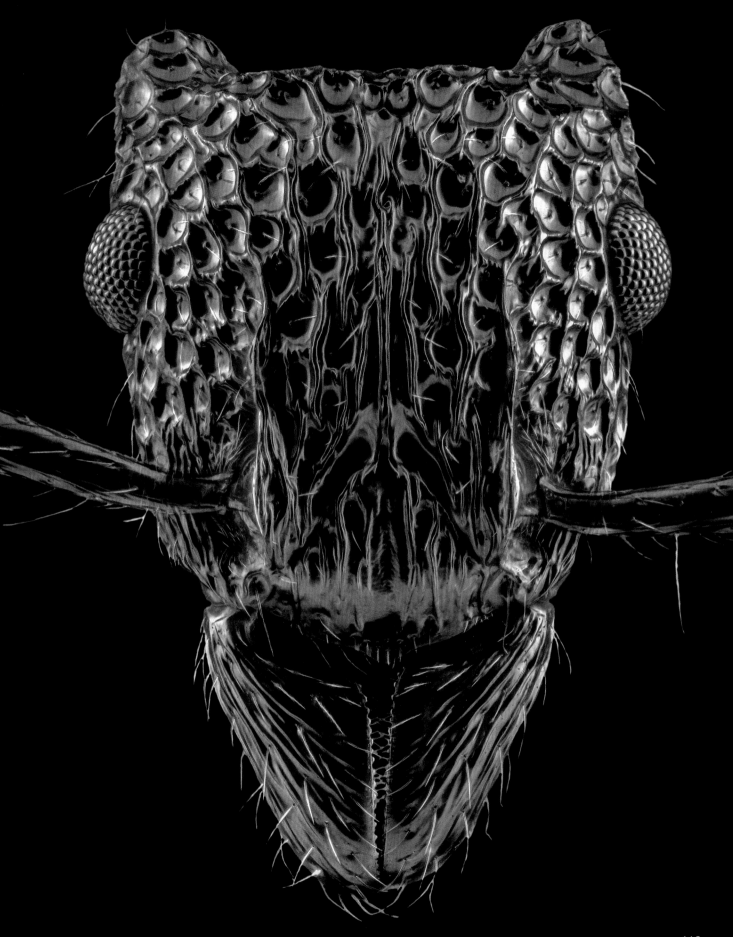

左：スキスタケアトゲアリ［新称］
Polyrhachis schistacea の働きアリ
（アフリカ中央部・南部に分布）

122ページ：
メドゥーサトゲアリ［新称］
Polyrhachis medusa の働きアリ
（アフリカ南東部に分布）

123ページ上：
ガガテストゲアリ［新称］
Polyrhachis gagates の働きアリ
（アフリカ南部に分布）

123ページ下：
ベッカリイトゲアリ［新称］
Polyrhachis beccarii の働きアリ
（東南アジアに分布）

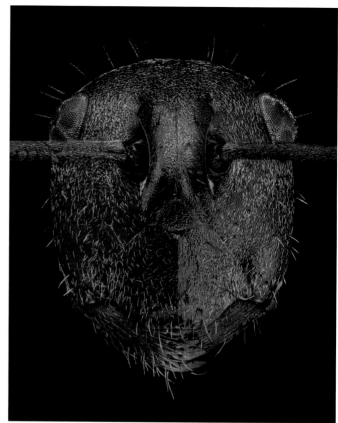

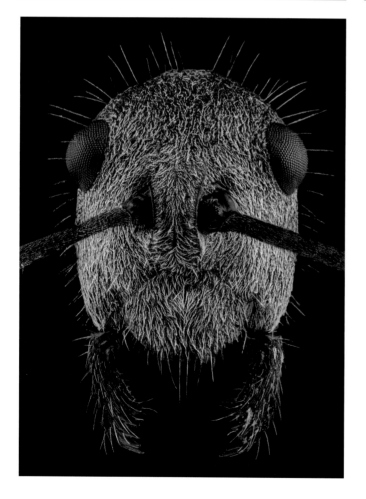

上左：
クロトゲアリ *Polyrhachis dives* の働きアリ
（熱帯アジア・オーストラリア北部に分布）

上右：
ガガテストゲアリ *Polyrhachis gagates* の働きアリ
（アフリカ南部に分布）

左：
スキスタケアトゲアリ *Polyrhachis schistacea* の働きアリ
（アフリカ中央部・南部に分布）

右ページ：
ベッカリイトゲアリ *Polyrhachis beccarii* の働きアリ
（東南アジアに分布）

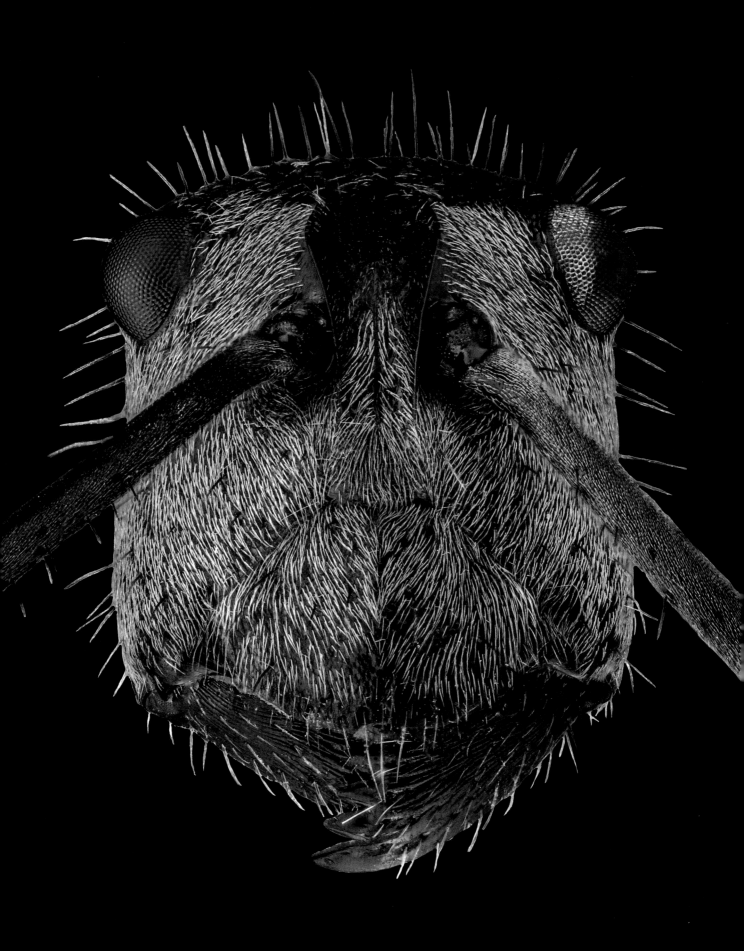

ツムギアリ属
OECOPHYLLA

　多くのアリでは、幼虫が蛹になるときに糸を出してまゆを作る。アジアツムギアリ *Oecophylla smaragdina* は幼虫を建設用の道具として利用する。林冠で生葉をつなぎあわせて巣を造るとき、幼虫を口にくわえてかまえるのである。くぼみのある大顎でそっとくわえるので、妹たちの柔らかい体に穴を開けるようなことはない。やさしく咬んで力を加えると幼虫が糸を吐き出す。それを使って葉をつなぎ合わせ、巣を造りあげていくのだ。また、長い脚をいかして仲間たちで脚を絡み合わせ、林冠の切れ目に橋を渡すこともできる。

上・右ページ:
アジアツムギアリ
Oecophylla smaragdina の働きアリ
（熱帯アジア・オーストラリア北部に分布）

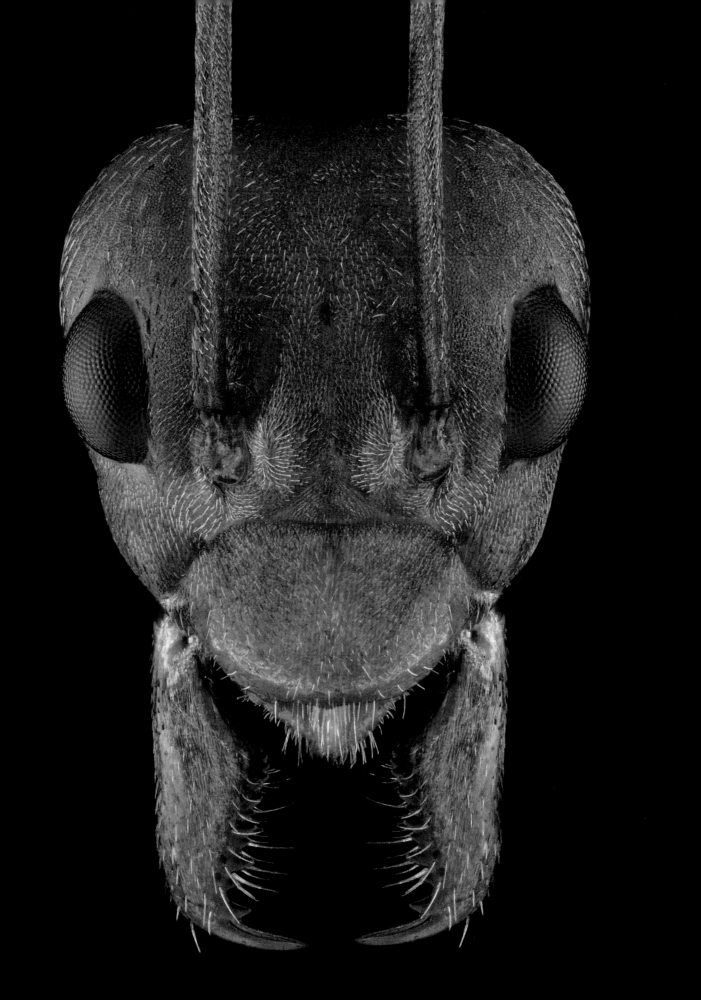

ツメハリアリ属、カドゴシハリアリ属
PLECTROCTENA AND STREBLOGNATHUS

　ツメハリアリ属 Plectroctena はハリアリ亜科 Ponerinae に属している。ハリアリ亜科のメンバーは体つきも行動も古代のアリ類に似ている。ツメハリアリ属の巣は小さく、わずか数十匹の働きアリしかいないのが普通である。また、女王アリは働きアリとよく似ている。働きアリは針を地面にひきずって道しるべフェロモンで印をつけていくが、これは自分専用の道しるべであり、仲間の働きアリがたどることはない。道しるべを頼りにせずに小集団で狩りに出かけ、散開して獲物を探す。もっぱらヤスデを食べるマンディブラリスツメハリアリ［新称］Plectroctena mandibularis の大顎は長く、湾曲していて、ヤスデの体をはさむのにうってつけだ。獲物を見つけると咬みつき、必死でからみついてくる相手と格闘する。体節のあいだの柔らかいところに針を刺して麻酔をかければ、ヤスデは動けなくなる。大きすぎてひとりで巣までもって帰れそうにない場合は、仲間たちが手伝ってくれる。

　カドゴシハリアリ属 Streblognathus もハリアリ亜科のメンバーである。この属のアリには古代のアリ類と同様の珍しい行動が見られる。働きアリが交尾して子を作ることができるのだ。働きアリ型女王アリは化学物質を体外に分泌する。これは巣の仲間たちに情報を伝えるシグナル物質である。自分が繁殖可能で卵を産んでいることを知らせ、仲間たちの生殖活動を抑制するのだ。女王アリが年を取ってシグナルが弱くなると、新たな働きアリ型女王アリを目指して娘たちが争い始める〔訳注：「古代のアリ類（ancient ants）」とは、アリというグループが出現した当時のアリを指す。古代のアリ類の姿は琥珀中の化石からある程度わかるが、産卵行動がどのようなものだったのかはわからない。カドゴシハリアリ属に見られる働きアリの産卵が、古代アリの産卵行動と同様なものである可能性は否定できないが、確実にそうだとはいえない〕。

右ページ：
エチオピクスカドゴシハリアリ［新称］
Streblognathus aethiopicus の働きアリ
（アフリカ南部に分布）

130ページ・131ページ上：
マンディブラリスツメハリアリ
Plectroctena mandibularis の働きアリ
（アフリカ南部に分布）

131ページ下：
ストリゴサツメハリアリ［新称］
Plectroctena strigosa の働きアリ
（アフリカ南部に分布）

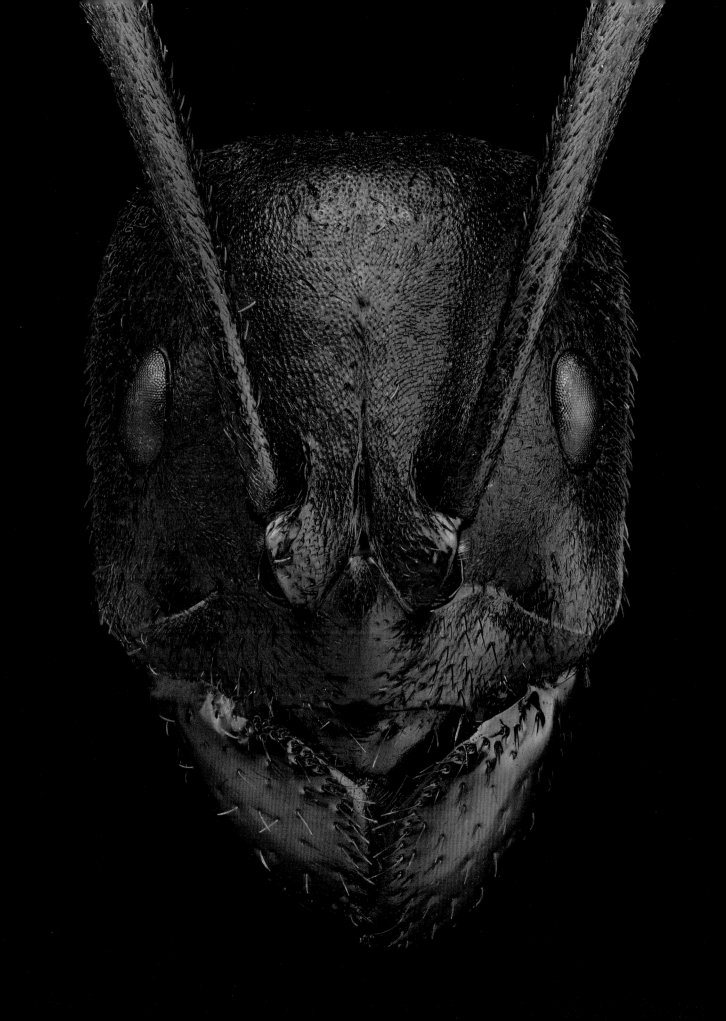

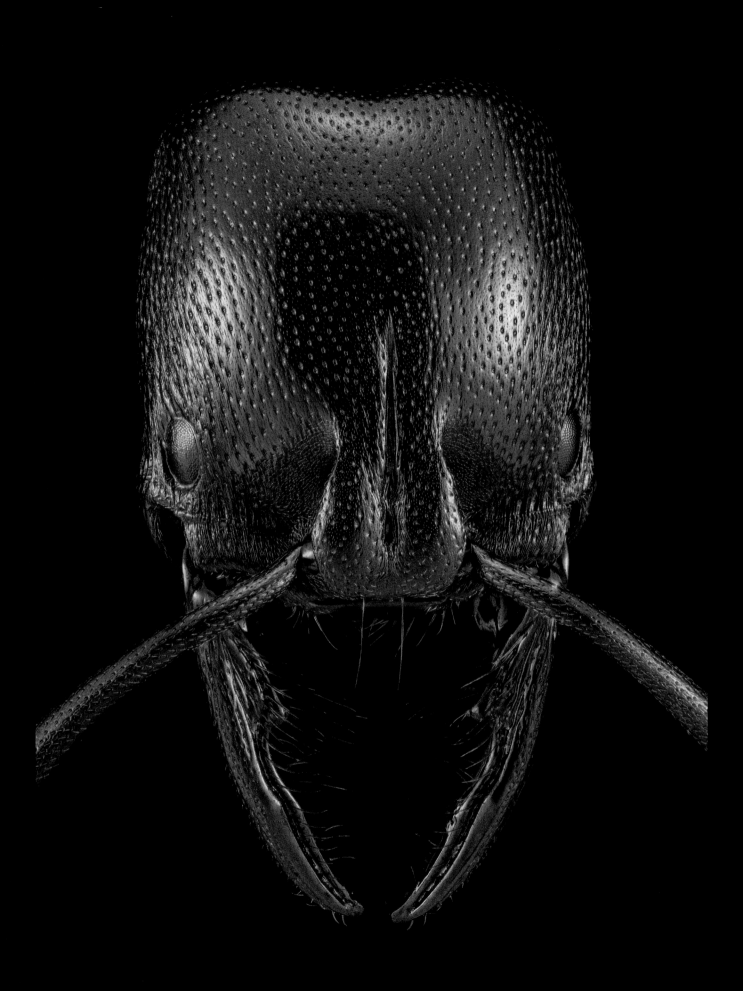

ナベブタアリ属
CEPHALOTES

　中央アメリカと南アメリカに分布するアトラトゥスナベブタアリ［新称］*Cephalotes atratus* は、アリの世界のスーパーマンだ。空を飛べる、といえないでもないのだから。脚を広げて木から木へと滑空するのである。頭部にあるシュッとした角のような突起など、形態的な特徴を生かして、飛行術を駆使した大冒険をしていると考えられている〔訳注：アリはほとんどが雌なので、「スーパーマン」ではなく「スーパーガール」のほうが適切だろう〕。

アトラトゥスナベブタアリ *Cephalotes atratus* の働きアリ
（中央アメリカ・南アメリカに分布）

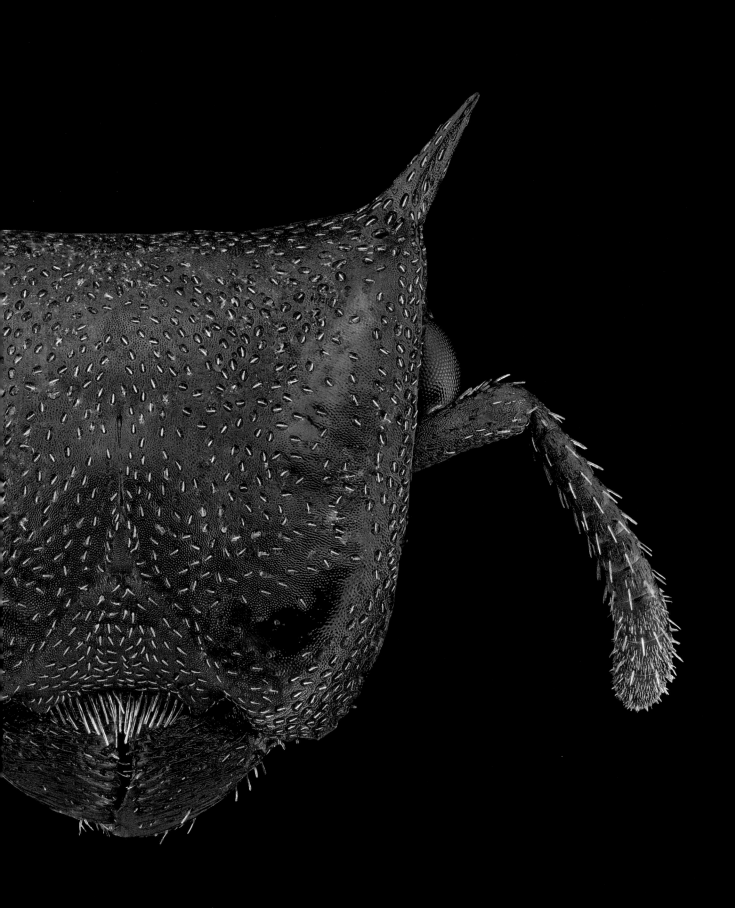

アトラトゥスナヘブタアリ Cephalotes atratus の働きアリ
（中央アメリカ・南アメリカに分布）

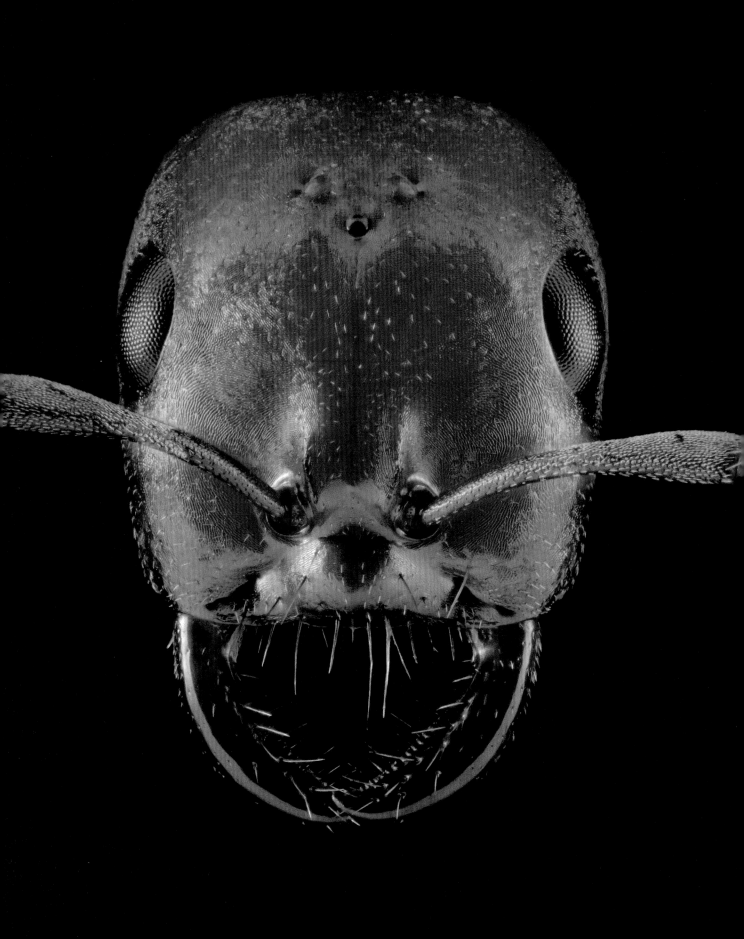

サムライアリ属
POLYERGUS

　サムライアリ属 *Polyergus* の鎌型の顎はいかにも凶暴に見える。鋭すぎる顎は子どもたちを育てるのに向かないはずだ。事実、戦いは得意だが子守り向きではないこのアリたちは子育てしない。もちろん女王アリは卵を産み続け、次々と孵化してくる幼虫たちにはお世話が必要である。そこで、他のアリの巣を襲って奴隷を手に入れるのだ。よくターゲットとされるのはヤマアリ属 *Formica* である。ヤマアリ属のアリはサムライアリ属のアリと同じくらいのサイズだが、口器に強力な武器はない。ヤマアリ属の巣を襲撃したサムライアリ属のアリは、育児室から蛹をさらって自分の巣に持って帰る。アリの発育の最終段階である蛹は何も食べないし、特に世話をする必要もない。拉致されてきた蛹から羽化した成虫は、自らをサムライアリの一員だと信じて疑わない。敵の子どもを育て、他にも巣内の仕事をこなすようになり、奴隷として一生を送るのである。

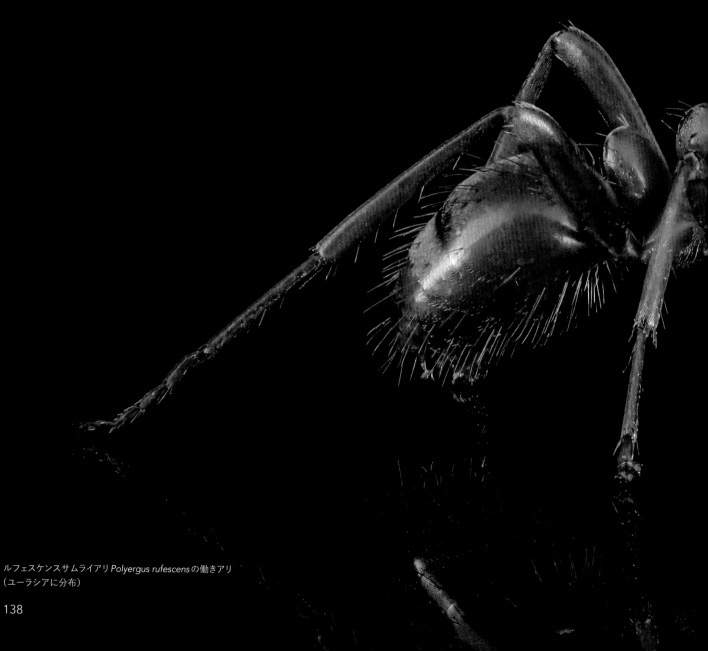

ルフェスケンスサムライアリ *Polyergus rufescens* の働きアリ
（ユーラシアに分布）

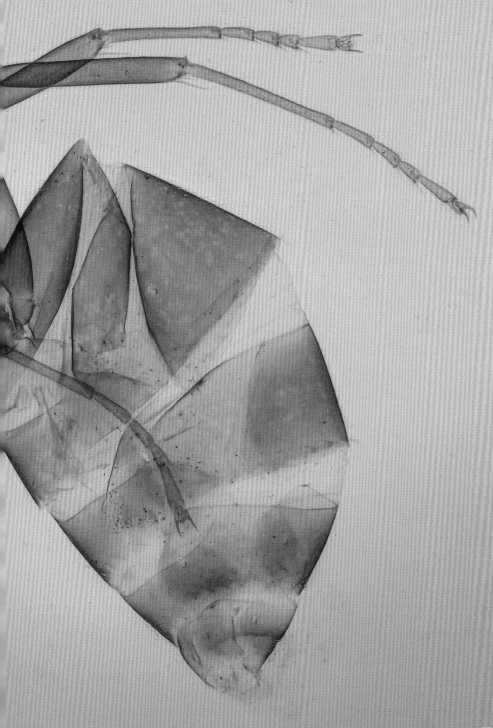

ヨーロッパアカヤマアリ *Formica rufa* の働きアリ（ユーラシアに分布）。
1800年代に作製されたプレパラート

索引

[新称] = *
[改称] = **
太字 ＝ 写真が掲載されているページ

謝辞

次の方々のご助力がなかったならば、本書を世に出すことはできなかったでしょう。ここに感謝の意を表します。

アリの入手と同定でお世話になった方々

ローガー・ストロートマン（ドイツ）：アリの飼育のプロであるローガーの提供により多種のアリを入手できたからこそ、この大冒険に乗り出すことができました。彼が送ってくれるアリはどれもわずかな汚れも傷もなく、アリの飼育にどれほど情熱を注ぎ専念しているかがわかります。

パウル・ガイゼンデルファー（ドイツ）：膜翅目が大好きな学生で、ユリウス・マクシミリアン大学ヴュルツブルクで生物学を専攻しているパウルは、アリの難しい同定ではいつも手助けしてくれます。わたしのお気に入りのグンタイアリを含め、いろいろなアリを提供してもらいました。

シュテン・ポンペン（オランダ）：熱心なアリ飼育者であるシュテンを介して多くのアリ飼育者に出会うことができました。シュテンがいたからこそ撮影できたアリもいます。

アラン・ヴァン・ヴィーヴ（フランス）：プロの昆虫コレクターで、フランスのラゲピーを拠点とする The Bugmaniac のオーナーです。

本書の作成でお世話になった方々

ロバート・モートン：わたしのエージェントで、このプロジェクトは必ず実現すると信じてくれました。わたしが迷いや恐れをふっきり、焦燥に耐えられたのは、豊富な知識と経験をもったロバートのたゆまぬ導きがあったからです。

エレナ・スパイサー・ライス：素晴らしい文章で本書をまとめあげてくれました。

エリック・ヒンメル、ダリリン・ロウ・カーンズ、アネット・シルナ-ブルーダー、グレン・ラミレス、サラ・マスターソン・ハリー、そしてエイブラムズのスタッフたち：本書を作りあげるのに力を貸してくれました。

—— エドゥアルド・フローリン・ナイガ

超接写 蟻
世界を動かす小さな巨人

2021年8月25日　初版第1刷発行
写真　エドゥアルド・フローリン・ナイガ（© Eduard Florin Niga）
文　エレナ・スパイサー・ライス（© Eleanor Spicer Rice）
発行者　長瀬 聡
発行所　株式会社グラフィック社
　　　　〒102-0073 東京都千代田区九段北1-14-17
　　　　Phone: 03-3263-4318
　　　　Fax: 03-3263-5297
　　　　http://www.graphicsha.co.jp
　　　　振替：00130-6-114345

［日本語版制作スタッフ］
監修：寺山 守
翻訳：西尾香苗
デザイン：岡田奈緒子（Lamplighters Label）
編集：小林功二（Lamplighters Label）
制作進行：本木貴子／鴛山世奈（グラフィック社）
印刷・製本：図書印刷株式会社

ISBN978-4-7661-3517-6 C0045
Printed in Japan

ANTS: WORKERS OF THE WORLD
Text copyright © 2021 Eleanor Spicer Rice
Photography copyright © 2021 Eduard Florin Niga
First published in the English language in 2021
By Abrams Books, an imprint of Harry N. Abrams, Incorporated, New York
ORIGINAL ENGLISH TITLE: ANTS: WORKERS OF THE WORLD
(All rights reserved in all countries by Harry N. Abrams, Inc.)
Japanese translation rights arranged with Harry N. Abrams, Inc.
through Japan UNI Agency, Inc., Tokyo.

Editor: Eric Himmel
Designer: Darilyn Lowe Carnes
Production Manager: Anet Sirna-Bruder

Photographs copyright © 2021 Eduard Florin Niga
Text copyright © 2021 Eleanor Spicer Rice

Jacket © 2021 Abrams

Published in 2021 by Abrams, an imprint of ABRAMS.